计算机类精品系列教材

U0174459

计算机辅助工业设计
——建模、渲染和增材制造

张　帆　编著

电子工业出版社·
Publishing House of Electronics Industry
北京·BEIJING

内 容 简 介

本书编者根据自己多年在从业过程中使用计算机辅助工业设计软件的经验，以及十年以上的计算机辅助工业设计课程教学经验，尝试以设计师的视角去重新描绘软件学习中的重点和难点，通过对 NURBS 曲面建模（Rhinoceros）、效果图渲染（Keyshot）和增材制造快速成型（Cura）三个部分内容展开介绍，结合基于实际案例的练习，培养学生掌握基本的计算机辅助工业设计软件技能，使学生初步了解从设计到制造整个环节的知识，引导学生形成"学以致用"的观念。本书提供配套的数字模型资源(本书使用的 Keyshot 软件为教育版，在商业版中无法打开）可在华信教育资源网（https://www.hxedu.com.cn/）上自行下载。

本书可作为高等学校工业设计、产品设计、机械设计等专业相关课程的教材，也可供工业设计领域从业人员学习、参考。

图书在版编目（CIP）数据

计算机辅助工业设计：建模、渲染和增材制造 / 张帆编著. —北京：电子工业出版社，2023.8
ISBN 978-7-121-46057-9

Ⅰ. ①计… Ⅱ. ①张… Ⅲ. ①工业设计－计算机辅助设计 Ⅳ. ①TB47-39

中国国家版本馆 CIP 数据核字（2023）第 142016 号

责任编辑：路　越
印　　刷：中国电影出版社印刷厂
装　　订：中国电影出版社印刷厂
出版发行：电子工业出版社
　　　　　北京市海淀区万寿路 173 信箱　　邮编：100036
开　　本：787×1 092　1/16　印张：14.5　字数：353 千字
版　　次：2023 年 8 月第 1 版
印　　次：2024 年 8 月第 2 次印刷
定　　价：79.80 元

凡所购买电子工业出版社图书有缺损问题，请向购买书店调换。若书店售缺，请与本社发行部联系，联系及邮购电话：（010）88254888，88258888。

质量投诉请发邮件至 zlts@phei.com.cn，盗版侵权举报请发邮件至 dbqq@phei.com.cn。

本书咨询联系方式：mengyu@phei.com.cn。

前　言

　　"计算机辅助工业设计"（Computer Aided Industrial Design，CAID）是一门工业设计专业必备的基础课程，其主要教学目标是培养学生掌握应用计算机软件来表现自身设计的能力。Evans（1993 年）提出"计算机辅助工业设计是指利用专门的计算机硬件和软件技术的以工业设计为目的的 3D 建模活动"，第一次定义了计算机辅助工业设计的概念。与计算机辅助设计（CAD）相比，计算机辅助工业设计的发展历史很短，也缺乏一些技术上的标准和规范。因此，无论在业界还是在教育行业，大家对计算机辅助工业设计的认识都存在差异。对于计算机辅助工业设计到底教什么，怎么教，大家的理解都不一样。

　　广义上的计算机辅助工业设计涵盖了工业设计产品开发所有流程中涉及的计算机应用，包括计算机辅助草图、产品建模和渲染、排版出图、数字化样机制作等方面。通常由于涉及手绘或平面设计的内容往往有专门的课程，因此，大多数院校的"计算机辅助工业设计"课程主要的教学目标就是培养学生产品建模和效果图渲染的能力。但是，有时设计仅仅停留在计算机中，不具备任何实用价值。于是，本书在最后一章"从设计到制造"中，讲述了如何结合增材制造技术把设计变成实物，并通过实物来验证设计的方法，引导大家思考学习计算机辅助工业设计的意义。

　　在计算机构建的虚拟空间中，任何看似简单的东西背后都有非常复杂的原理。本书作为一本面向工业设计专业的入门教材，不会对软件的功能和原理进行详细描述，其目的是让初学者能够较顺利地阅读，循序渐进地了解计算机辅助工业设计流程中的一些重要概念，逐步掌握计算机辅助工业设计的基本方法。编者结合自己多年在从业过程中使用软件的经验，在本书中以设计师的视角描绘计算机辅助工业设计中的重要知识点，用简练的语言和生动的案例来告诉大家，学习软件不仅是一件非常有趣的事，也是一项很有意义的实践活动。

　　本书第 1 章～第 7 章使用的建模软件是 Rhinoceros 6.0，第 8 章使用的渲染软件是 Keyshot 10.0，第 9 章使用的 3D 打印切片软件是 Cura 4.8.0。为适用于不同语言版本的软件，本书中所有的菜单和命令术语都用官方版本的中英文同时标注。

　　设计是一种知识价值，软件是知识价值的载体，为尊重自己和他人的知识价值，我们提倡无论是在学习中还是在商业应用中，都应使用正版软件。

　　由于编者学识有限，对于书中可能出现的疏漏和不妥之处，欢迎读者批评指正，编者邮箱：zhangf@hzcu.edu.cn。

编　者

2023 年 5 月

目　录

第 1 章
在开始之前
"Rhino的基本操作"

1.1 Rhinoceros 是什么

Rhinoceros 简称 Rhino，是 McNeel 公司于 1998 年发布的一款基于"NURBS 曲面建模方式"的三维建模软件，主要面向工业设计专业相关的产品、珠宝和交通工具等领域。在此之前，McNeel 公司从 1992 年开始就在为 AutoCAD 开发一种基于 NURBS 曲面（**见本书第 9 章从设计到制造**）的建模工具。1993 年，该工具被命名为"Sculptura"，同年发布的 Sculptura 2.0 版本拥有了一个昵称"Rhinoceros"，这个昵称后来变成了该软件的正式名称。自 1998 年发布 Rhinoceros 1.0 以来，McNeel 公司不断对这款软件进行升级，并为其开发一些附加功能插件，比如 2000 年与 Rhinoceros 2.0 版本同时发布的渲染插件 Flamingo，2003 年为 Rhinoceros 3.0 开发的动画插件 Bongo 等。在本书成本时，Rhinoceros 正式发布了 Rhinoceros 7.0 版本。在该版本中，Rhinoceros 正式整合了细分曲面建模工具 SubD，同时将 Rhinoceros 6.0 版本中加入的第三方参数化建模插件 Grasshopper 由 1.0 版升级为 1.9 版，自此 Rhinoceros 拥有了 NURBS 曲面建模、细分建模、参数化建模等多种建模方式，面向的领域也从以前的工业设计扩展到了 CG、建筑设计等领域。

由于本书在撰写过程中 Rhinoceros 7.0 版本尚未发布，因此本书主要基于 Rhinoceros 6.0 版本进行讲解。

1.2 Rhinoceros 的界面

打开 Rhinoceros 软件，首先可以看到如图 1-1 所示的界面。

注：为便于中英文版本的软件进行对照学习，本书中涉及软件术语的表述均来自 Rhinoceros 官方的英文和中文版本。由于撰写本书时使用的软件是英文版本，因此当涉及具体操作界面的相关术语时，文中使用"【英文名称】（中文名称）"进行描述，非操作术语则使用"英文名称（中文名称）"。由于在 Rhinoceros 中执行很多操作时鼠标左右键具备不同的功能，因此"单击"在文中泛指使用鼠标左键，需使用鼠标右键时会描述为"右击"。另外，在 Rhinoceros 中可以通过单击工具栏面板上的按钮或在命令栏输入命令的方式来执行操作，但文中的"命令"通常并不是要求读者在命令栏中输入命令，而是泛指某种具体操作。

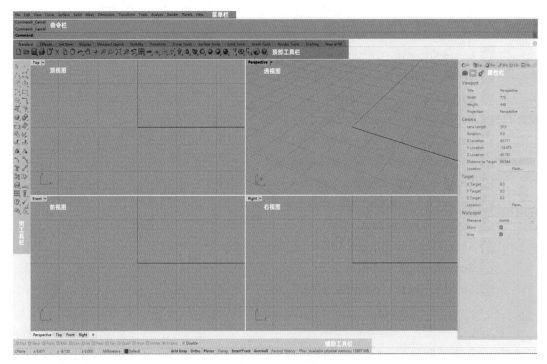

图 1-1

Rhinoceros 的界面由四视图的操作窗口、菜单栏、顶部工具栏、侧工具栏、命令栏和属性栏、辅助工具栏组成，界面主体与其他三维建模软件相似。不同区域的功能会在后续的学习中逐步讲解，这里不再详细阐述。

1.3 格线和锁定格点

与其他三维建模软件一样，Rhinoceros 也是靠一套格线坐标系统定义三维虚拟空间的，**Grid**（**格线**）在这里可以作为长度的单位，网格线的交点可以作为定位的参考点。通过单击界面底部辅助工具栏中的【**Grid Snap**】（**锁定格点**）按钮启用锁定格点功能（界面中呈字体加粗显示效果），用于限制三维空间中光标和物体的位置。

如图 1-2 所示，当在 Rhinoceros 中新建一个文件时，可以选择不同大小和单位的模板文件，比如选择"**Large Objects - Millimeters.3dm**"模板文件，这时新建的文件中一个格子的长度就是 1mm。

锁定格点是 Rhinoceros 中一项非常重要的功能，通过启用锁定格点功能，可以确保在空间格线系统中绘制的图形的起点和终点都在格线的交点处。在实际建模过程中，需要根据具体需求选择启用或者关闭启用锁定格点功能。

【**Grid Snap**】（**锁定格点**）按钮在 Rhinoceros 界面中的位置如图 1-3 所示。底部的【**Ortho**】（**正交**）按钮、【**Planar**】（**平面模式**）按钮、【**Osnap**】（**物件锁点**）按钮等是特殊类型的锁点选项，后面涉及具体问题时会详细讲解。

名称	类型	大小
Large Objects - Centimeters.3dm	Rhino 3-D Model	27 KB
Large Objects - Feet & Inches.3dm	Rhino 3-D Model	28 KB
Large Objects - Feet.3dm	Rhino 3-D Model	27 KB
Large Objects - Inches.3dm	Rhino 3-D Model	27 KB
Large Objects - Meters.3dm	Rhino 3-D Model	27 KB
Large Objects - Millimeters.3dm	Rhino 3-D Model	28 KB
Small Objects - Centimeters.3dm	Rhino 3-D Model	27 KB
Small Objects - Feet & Inches.3dm	Rhino 3-D Model	28 KB
Small Objects - Feet.3dm	Rhino 3-D Model	27 KB
Small Objects - Inches.3dm	Rhino 3-D Model	27 KB
Small Objects - Meters.3dm	Rhino 3-D Model	27 KB
Small Objects - Millimeters.3dm	Rhino 3-D Model	27 KB

图 1-2

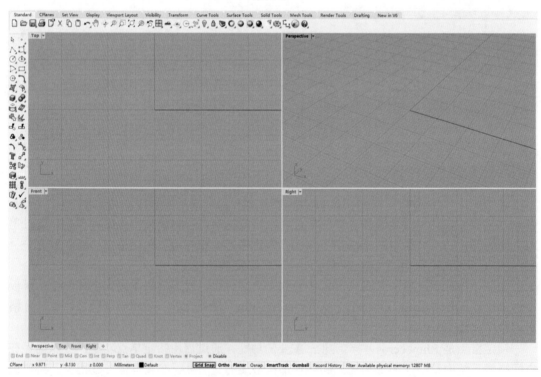

图 1-3

当启用【Grid Snap】（锁定格点）按钮时，若觉得格线太大不适合绘制微小图形，可通过单击顶部工具栏中的【Options】（选项）按钮，并在【Rhino Options】（Rhino 选项）中的【Grid】（格线）对话框中修改【Minor grid line】（子格线间隔）和【Snap spacing】（锁定间隔）的数值来进行适当的调整，如图 1-4 所示。

4

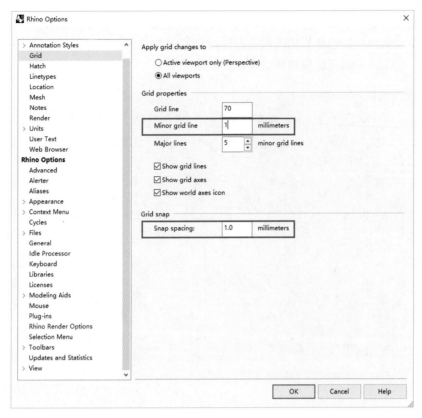

图 1-4

1.4　Rhinoceros 的光标，移动，选取

　　Rhinoceros 中的基本操作非常直观。物体的移动可直接先单击选取物体，然后单击并拖动鼠标到位后释放按键完成。如图 1-5 所示，在界面中随意选择一个视图，长按【**Box: corner to corner, height**】（**立方体：角对角、高度**）按钮，在弹出的【**Solid Creation**】（**创建实体**）工具列中使用几何体按钮创建一些基本的几何体，尝试用鼠标对它们进行移动，默认显示模式下被选取的物体会呈现黄色的边框线。

　　注意，图 1-5 中的 **Grid Snap**（**锁定格点**）功能处于启用状态，因此可确保该图中这个正方体的边缘与格线重合，可以看出这个正方体的边长为 20mm。

　　在 Rhinoceros 中调整视角也很简单，长按鼠标**右键**可以在视图 **Perspective**（**透视图**）中旋转视图，同时长按 **Shift** 键加鼠标**右键**可以在视图 **Perspective**（**透视图**）中移动视图，在另外 3 个正视图中只需长按鼠标**右键**即可移动视图。鼠标滚轮可以放大或缩小任意视图。当找不到视图中的物体时，或视图的摄像机焦点偏移时，可以通过单击顶部工具栏中的【**Zoom extents**】（**缩放至最大范围**）按钮来找回物体（右击可以在 4 个视窗中同时执行该命令）。有时候 4 个视窗会被拖拉到异常的状态，这时单击顶部工具栏中的【**4 viewports**】（**4 个工作视窗**）按钮可以使 4 个视窗回到初始状态。

　　Rhinoceros 在一些操作细节的设计上非常用心，其中一个细节就体现在选取功能的设计上。除单击选取单个物体外，Rhinoceros 还可以通过长按鼠标**左键**拉出一个选取框来选取多个物体，但当拉出选取框的方向不同时，选取的方式也会不同，这个差异化的细节在涉及空间中存在较多需被选取物体的操作时非常有用。

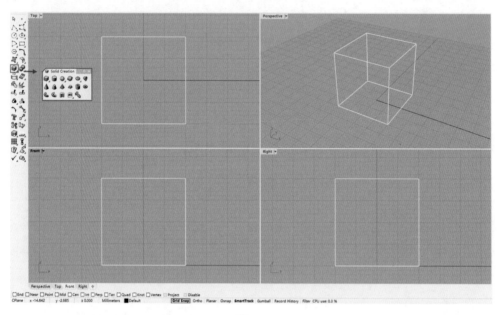

图 1-5

如图 1-6 所示，当长按鼠标**左键**从右下角向左上角框选时，框线为虚线，框线所触及的物体都会被选取呈黄色状态。注意，为便于理解，编者将框选时与框选后的状态用软件进行了叠加处理，在实际操作时黄色的被选取状态不会在框选时同时出现。

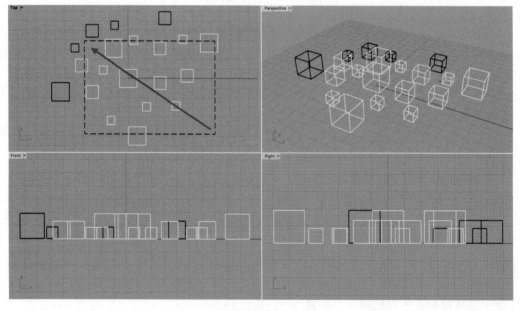

图 1-6

　　如图 1-7 所示，当长按鼠标**左键**从左上角向右下角框选时，框线为实线，只有被框线完全框入的物体才会被选取呈黄色状态。

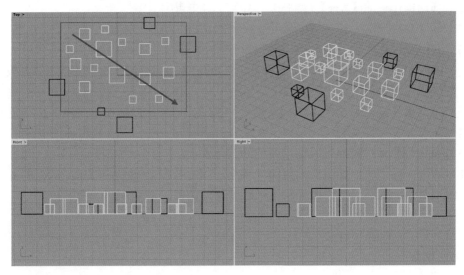

图 1-7

1.5　Rhinoceros 的操作轴

　　如图 1-8 所示，**Gumball**（操作轴）是在 Rhinoceros 5.0 版本中加入的新工具，它可以使物体的移动、旋转和变形都变得非常便捷，在 Rhinoceros 6.0 版本中大家可以在软件底部直接单击【**Gumball**】（操作轴）按钮快速启用或关闭这项功能，**Gumball**（操作轴）的功能有以下几种。

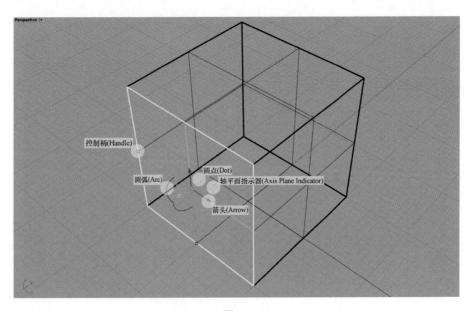

图 1-8

（1）拖动操作轴的【Arrow】（箭头）按钮可以移动物体。

（2）拖动操作轴的缩放【Handle】（控制柄）按钮可在一个方向缩放物体。

（3）拖动操作轴的【Arc】（圆弧）按钮可以旋转物体。

（4）在移动对象时，长按 Alt 键可复制物体（在移动之前按住）。

（5）在缩放过程中，按住 Shift 键可进行三轴缩放。

（6）按住 Shift 键，同时单击并拖动【Axis Plane Indicator】（轴平面指示器）按钮（田字格）可进行二轴缩放。

（7）拖动操作轴箭头上的【Dot】（圆点）按钮，可以将曲线或平面曲面按特定方向拉伸为实体。

（8）单击操作轴控制柄可以输入调整的具体数值。

注：在一个由多个曲面组合而成的物体中，同时长按 Ctrl 键和 Shift 键，单击选取实体的边缘或某个曲面后，使用操作轴工具对其进行修改。

1.6 定制顺手的工具列

当操作熟练以后，可以把一些自己常用的工具单独添加到当前的工具列上，也可以把一些常用的工具放置在一起，形成一个单独的工具列。通过同时长按 Ctrl 键和鼠标左键拖动命令按钮将其添加到工具列空白处，同时长按 Shift 键和鼠标左键将命令按钮从工具列中拖出，将其删除。也可以通过单击顶部工具栏的【Options】（选项）按钮，在菜单中选择【Toolbars】（工具列）选项中的命令，对工具列进行新建、保存和读取，如图 1-9 所示。

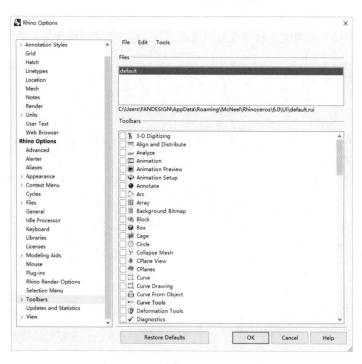

图 1-9

1.7　为什么曲面看起来会有折线？

　　很多初学者会对一个问题感到困惑：为什么建的曲面在渲染模式下看起来边缘都是由折线构成的？这个问题可以通过以下操作进行解释。首先单击【Solid Creation】（创建实体）工具列中的【Sphere: center, radius】（球体：中心点、半径）按钮在空间中创建一个球体，然后单击属性栏右上角的【Properties】（属性）选项卡，在属性窗格中单击【Material】（材料）选项卡，接着单击【Use a new material】（使用新材质）按钮，在下拉菜单中选择【Plaster】（石膏）按钮，如图 1-10 所示。

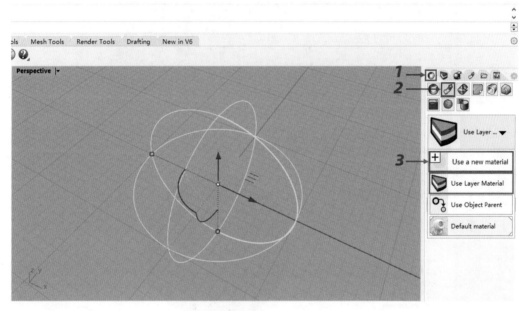

图 1-10

　　如图 1-11 所示，在【Plaster】（石膏）窗格中可以对物体材质的类型和颜色进行修改。单击【Color】（颜色）按钮将这个球体的颜色改为红色。

　　右击视图 Perspective（透视图）左上角的标签按钮或单击标签右侧的三角形按钮，在下拉菜单中选择【Rendered】（渲染模式）选项。在这个模式中可以看到刚刚被赋予材质和颜色的球体的渲染效果，发现球体的边缘不像 Wireframe（线框模式）中显示的那么光滑。为了展示效果，编者修改了默认的显示参数，通常的折线不会这么明显，在局部放大显示的情况下才能察觉到，如图 1-12 所示。

　　如图 1-13 所示，单击顶部工具栏中的【Options】（选项）按钮，在【Rhino Options】对话框中选择【Mesh】（网格）选项，可以通过调整【Custom Options】（自定）窗格中的【Density】（密度）滑块调整曲面的密度，单击【Preview】（预览）按钮可以在视图中看到修改后的曲面变化。数值越大曲面越光滑，反之亦然。也可以选择【Jagged and faster】（粗糙、较快）或【Smooth and slower】（平滑、较慢）选项比较不同的显示效果。

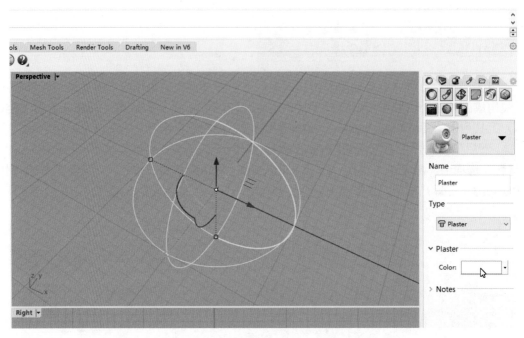

图 1-11

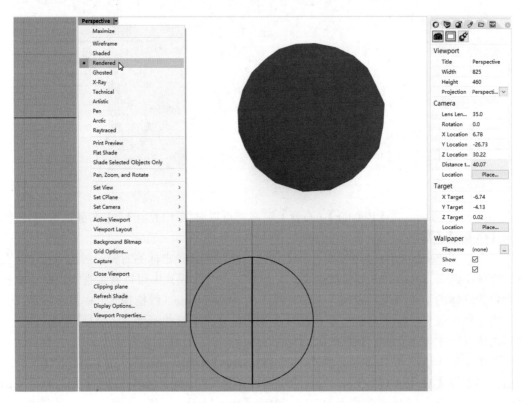

图 1-12

图 1-13

这里简要介绍 Rhinoceros 的显示原理。任何三维建模软件在显示物体材质时都会用到渲染模式，简单地说，就是通过计算机的 CPU 或显卡 GPU 实时计算将三维物体的数据转换成能够直接在显示器上呈现的带有材质和色彩的图形。在渲染模式中，所有的曲面都是通过平面组合而成的，平面越多曲面越光滑，意味着计算机的数据计算量会变大。当遇到复杂的物体计算量比较大时，使用比较精细的渲染模式会占用较多的计算机资源，因此 Rhinoceros 将渲染模式的计算量用一个初始设定较低的值来确保渲染时不会占用过多的计算机资源。

了解这些知识后，大家就不会困惑"为什么曲面看起来会有折线？"这个问题了。

1.8 图层

与其他建模软件一样，Rhinoceros 也有自己的图层功能，便于对复杂的物体进行分层设置。如图 1-14 所示的这辆坦克模型，不同的部件归属于不同的图层中，可以在界面右侧的属性栏中单击【Layers】（图层）选项卡进入图层管理窗格，在这里对图层的名称、颜色等属性进行设置。在视图下拉菜单的【Wireframe】（线框模式）选项和【Shaded】（着色模式）选项中，曲线和曲面会以该图层的颜色进行显示。在图层窗格中右击某特定图层，在跳出的菜单中单击【Select Object(s)】（选取物件）选项，可将该图层的所有物体同时选取。

11

注：图层颜色只代表该物体所在的图层的颜色，与 1.7 节中提到的物体材质颜色是完全不同的概念，请大家注意区分。

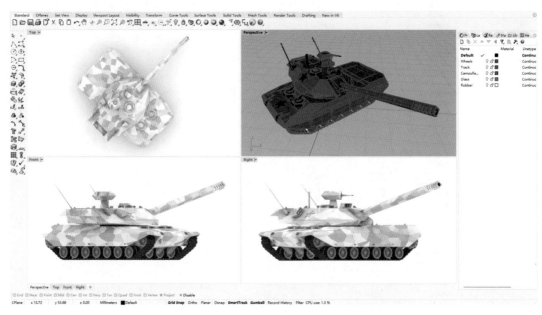

图 1-14

在设置好所需的图层后，长按顶部工具栏的【Layers】（图层）按钮，在跳出的【Layers】（图层）工具列中单击【Change object layer】（更改物件图层）按钮，将选取的物体设置为某个特定的图层，如图 1-15 所示。

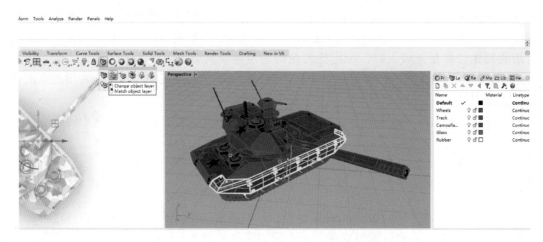

图 1-15

图层管理是建模流程中非常重要的物体管理手段，对复杂的物体进行分类能够有效提高建模效率。但对设计师而言，在虚拟的三维空间中推敲物体的造型需要高度集中注意力，过于频繁地将物体分层可能会中断设计师的思维。因此编者在建模时其实并不经常对物体进行分层，而是选择将同类物体设置为相同的材质（比如上面这辆坦克，就是编者在全部建完模型后为了演示图层效果而专门对其进行了分层）。在属性栏的【Material】（材质）选项卡中选取某个特定材质，然后右击，在下拉菜单中选择【Select Object(s)】（选取物件）选项同样能将相同材质的物体同时选取，如图 1-16 所示。这种方式对设计师来说或许比较友好，但是对其他人来说就不够直观了，在设计流程后期我们经常需要与设计师对接，经过分层的物体在信息传达和组织上显然比没有分层的模型更具优势。因此究竟何时对物体进行分层管理，需要设计师根据操作习惯自行把握。

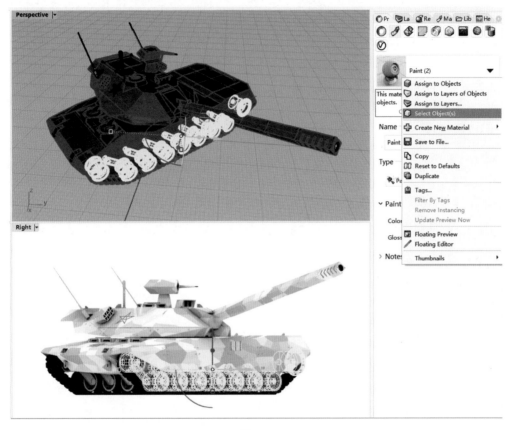

图 1-16

1.9 小结

　　Rhinoceros 采用的主要建模方式是 NURBS 曲面建模，NURBS 是 Non-Uniform Rational B-Splines 的英文缩写，意思是非均匀有理 B 样条，这个基于数学定义的名称非常抽象，不便于理解，即便搜索了各部分名词的具体含义，也很难形成一个直观的概念，因此本章不做具体解释，只需明白"NURBS"这个名称定义了 Rhinoceros 构建曲面的基本方式。

　　在 Rhinoceros 的虚拟空间中的"体"都是由曲面构成的，而虚拟空间中的曲面可以看作由曲线在空间中向特定方向连续扫描形成的，线则是由点在空间中运动形成的，点、线、面共同构成了虚拟空间中最基本的要素，也是 Rhinoceros 构建所有物体的基础。由两个及以上曲面构成的所有物体，曲面可以通过 **Join**（**组合**）命令组合在一起，也可以通过 **Explode**（炸开）命令变成**单一曲面**（**Single surfaces**），单一曲面是曲面的最小单位。任何 NURBS 曲面建模都是先通过线来构建单一曲面的，然后将单一曲面组合成**实体**（**Solid**）。Rhinoceros 里也预制了很多基本几何体，这些几何体除球体和椭球体外都是由多个曲面组合而成的，有些还可以通过输入参数更改面的数量，比如 **Pyramid**（**金字塔**）和 **Truncated Pyramid**（平顶金字塔）。

在熟悉了 Rhinoceros 的基本操作后，第 2 章我们将学习如何利用 Rhinoceros 预制的几何体来创建模型，并在这个虚拟三维空间中慢慢旅行。

第2章
建立基本的空间感

"让模型站起来"

2

2.1 构建最基本的几何体

接下来我们来创建一些有趣的东西。首先，启用界面底部辅助工具栏中的【Grid Snap】（锁定格点）选项，在建立实体工具栏中单击【Sphere: center, radius】（球体：中心点、半径）按钮，创建一个球体。如图 2-1 所示，单击该按钮后，在命令栏处会出现一行提示"Center of sphere"（球体中心点），即确定球体球心的位置。在 XYZ 坐标轴的原点位置单击，然后命令栏会出现一提示"Radius<1.000>"（半径<1.000>），这时可以通过在视图中拖动光标确定球体的半径后按左键执行，或者直接在命令栏中输入相应的数值，即可创建一个球体。"Radius<1.000>"中"<>"内的数值代表默认值，如果不输入数值，也不在视图中单击，而直接按回车键，这时软件就会自动创建一个半径为"1"的球体。

在 XYZ 坐标原点处创建一个半径为"10"的球体，然后右击继续执行创建球体的命令（在 Rhinoceros 中鼠标右键在不具体执行某个命令时，可以右击重复执行上一个命令，也可以用于替代回车键）。接下来的球体球心确定在视图 Front（前视图）中，Z 轴往上 15 个网格处。当确定球心后，命令栏中的默认半径变成了"10"，如图 2-2 所示。在 Rhinoceros 中，每执行一个命令都会将上一个命令的参数记录在内存中，便于下一次执行该命令时直接调用。可以尝试在视图中任意位置按左键确定球心，然后直接按右键执行半径为"10"的命令，不停地重复该操作创建出多个半径为"10"的球体。

注：在绘制球体时，尽量保证球体的结构线与坐标轴方向一致，如图 2-3 中左侧的球体。如果建立的球体如右侧球体一样，虽然尺寸与左侧的球体完全一致，但在视图 Front（前视图）和视图 Right（右视图）中该球体的边缘线会消失，这样会干扰大家判断其在空间的准确位置。如果已出现这种情况，可以将界面右边属性栏中的【Isocurve Density】（结构线密度）选项的值由"1"改为"2"，通过增加该球体的结构线数量显示出完整的边缘，如红框处所示。

在该位置创建了一个比半径"10"略小的球体，右击视图 Perspective（透视图）左上角的标签栏（或单击标签栏的小三角形图案）选择下拉菜单中的【Rendered】（渲染模式）选项，可以看到比较接近真实世界的球体概况，如图 2-4 所示。如果觉得球体的尺寸需要调整，可以启用界面底部的【Gumball】（操作轴）选项，这时界面中被选取的物体会出现一个红蓝绿色的操作轴，操作轴上的箭头用于移动物体，方块用于缩放物体，1/4 圆用于旋转物体。使用操作轴来调整这个球体的大小。单击并拖动操作轴上的红色或绿色方块改变球体的大小，单击并拖动鼠标的同时按住 **Shift 键**可以启用三轴缩放，单击并拖动操作轴的"田"字图案的同时按住 **Shift 键**可以启用二轴缩放。大家可以多操作几次比较一下不同（操作轴的具体介绍可见 **1.5 节**）。另外，在 Rhinoceros 中可以使用"Ctrl+Z"快捷键来执行【复原】（**Undo**）命令，使用"Ctrl+Y"快捷键执行【**Redo**】（重做）命令，其他软件中的"Ctrl+C"，"Ctrl+X"，"Ctrl+V"等快捷键也是通用的。

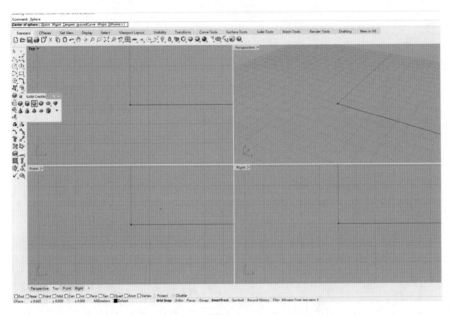

图 2-1

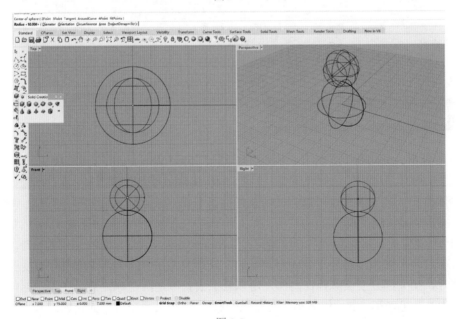

图 2-2

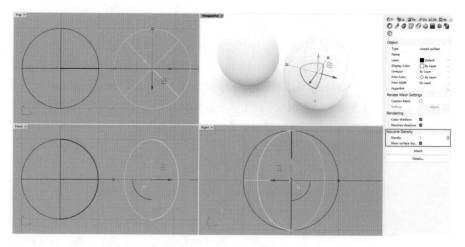

图 2-3

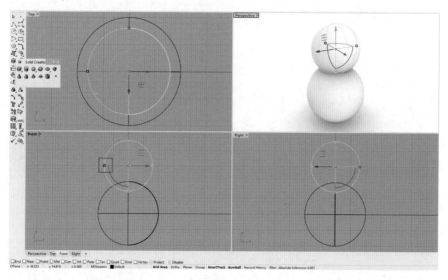

图 2-4

2.2 曲面与曲面的关系之一

在视图 **Perspective**（透视图）中执行前述操作启用 **Wireframe**（线框模式），可以看到两个独立的球体，球体的边框有重叠，但若在 **Rendered**（渲染模式）中看，却像是两个实心的球体叠在一起。大家也可以尝试用其他的显示模式来比较不同的显示效果，如图 2-5 所示的 **Ghosted**（幽灵模式）。

通过比较，大家可能会产生一个疑问：在 Rhinoceros 中，面与面的关系究竟是怎样的？其实目前这两个球体之间是没有任何关系的，只是因为在空间中两者的形状有交叉，在渲染模式时，交叉部分会被遮挡在内部，所以看上去就像是两个球体结合在了一起，这种关系被称为"看起来在一起，但其实并没有在一起"。这种关系在后期的建模过程中是需要避免的，不过目前暂且保留这样的关系接着执行以下操作。

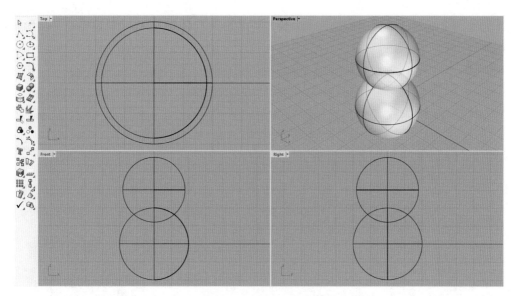

图 2-5

另外，为了在 A4 尺寸的纸质文本上清晰显示工具列，从这节开始编者调整了 Rhinoceros 工具列按钮的大小，大家可以通过与前面的图片比较发现差别。目前，显示器已普遍进入 2K、4K 分辨率的时代，默认的按钮尺寸在较高的分辨率下看起来的确不够清楚，大家可以单击【Options】（选项）按钮，在对话框中单击【Toolbars】（工具列）选项左侧的箭头，在下拉菜单中选择【Size and Styles】（大小与样式）选项，在右侧窗格里对【Button Size】（按钮大小）选项进行调整。

2.3 创建更多的基本几何体

接着在两个球体"上部"再创建一个球体，长按【Solid Creation】（建立实体）按钮，在弹出的工具列中单击【Cylinder】（圆柱体）按钮创建一根细小的圆柱体，注意创建圆柱体时的操作步骤。很多初学者面对新的操作时会陷入茫然，如果不知道执行命令时该怎么做，可观察命令栏中的提示，黑体字表示当前正在执行的命令，根据提示进行操作即可。创建好圆柱体后，单击界面底部的辅助工具栏中的【Gumball】（操作轴）选项启用操作轴功能，并将其缩放到合适的大小，旋转到合适的位置，如图 2-6 所示。在进行旋转时，命令栏上会出现提示"**Tap Alt to make a duplicate**"（按 **Alt 键**可以复制物件），意思是在旋转时按住 **Alt 键**可以复制一个旋转后的对象，同时保留原来的圆柱体，在不同的视图内反复旋转缩放几次，比较异同。

接着再创建出一系列基本的几何体，将其堆叠在一起，形成一个雪人，再用在 **1.7 节**中学到的方法给这些物体赋予不同的色彩，如图 2-7 所示。在这个过程中，大家可以发现 **Grid Snap**（锁定格点）功能在其中的重要作用，比如启用 **Grid Snap**（锁定格点）后定位三个球体的中心位置变得非常轻松，但也会发现在缩放或旋转某些部件时，锁定格点带来的卡顿感会为操作带来不适的影响，这时需要关闭 **Grid Snap**（**锁定格点**）功能。通过这个练习，大家可清楚在 **1.3 节**中讲过的关于 **Grid Snap**（**锁定格点**）启用时机的问题。

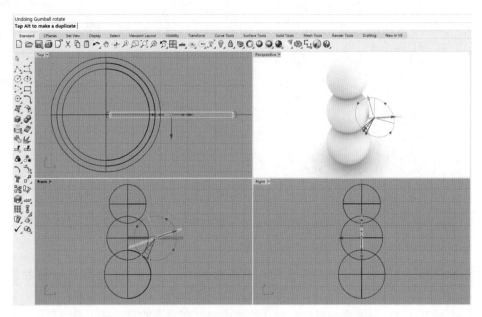

图 2-6

图 2-7

2.4 让物体"站立"起来

做到这一步时，大家可能会发现视图若处于 **Wireframe**（**线框模式**）下，则自己的雪人与 **2.3 节**中的雪人不同，是站立在视图 **Perspective**（**透视图**）中的坐标网格上的，而是像图 2-8 一样躺在网格上面。

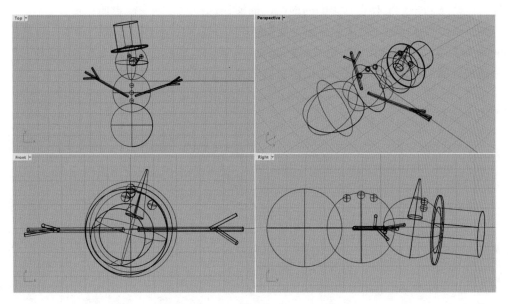

图 2-8

如果视图在 **Rendered**（渲染模式）下，雪人就像躺在地面上一样，如图 2-9 所示，这显然是与现实世界的认知不符的。在学习建模初期大家要养成一个习惯：尽量让物体"站立"在视图 **Perspective**（透视图）的坐标网格上面。对初学者而言，这是非常重要的操作习惯，只有让物体的空间位置符合现实世界中的位置，在观察物体时的视角才会与在现实世界的视角保持一致，这样能够帮助大脑更快速地适应三维虚拟空间，有效培养自身空间想象能力。

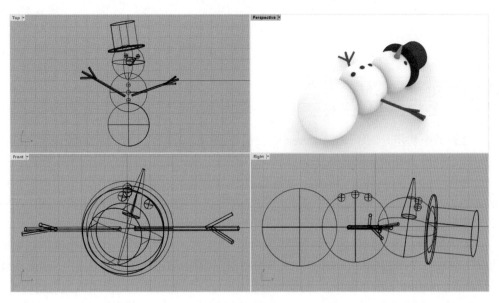

图 2-9

注：在 Rhinoceros 6.0 版本中的视图显示模式 **Rendered**（**渲染模式**）中引入地面效果，软件会自动添加一个带有实时阴影的地面，能够让这种站立感变得更加真实。

注：在初学建模时，经常会在拖拉视图时找不到方向，这时可以单击顶部工具栏的【**4 viewports**】（**4 个工作视图**）按钮回到默认的 4 个视图模式，或者单击【**Zoom extents**】（**缩放至最大范围**）按钮，将该视图中的所有物体都显示出来，右击该按钮则是将 4 个视图均缩放至最大范围，如图 2-10 所示。这两个工具按钮中间的几个命令也与视图操作有关，大家可以自行尝试。

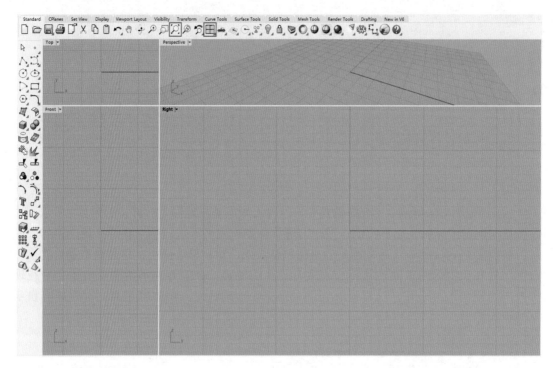

图 2-10

2.5　曲面与曲面的关系之二

在 **2.2 节**中初步介绍了 Rhinoceros 中曲面与曲面的关系。上面介绍的类似雪人这样不同的球体之间没有任何实际的关系，仅仅是"堆放"在一起，这种"看起来在一起，但其实并没有在一起"的关系用于本章封面图这样的渲染图是可以的，但是当后期面对一些复杂的案例时是不行的。所以我们需要进一步了解曲面与曲面之间"看起来在一起，实际也是在一起"的关系。

在 Rhinoceros 中，球体是一种特殊的曲面，它只由一个曲面构成，不像其他闭合的实体如立方体由 6 个面构成，这些由一个或多个曲面组合而成的闭合的物体称为 **Solid**（**实体**）。通过 **Solid Creation**（**建立实体**）工具列中的按钮可以直接创建一些基本几何造型的实体。如果对照现实世界中的物体，Rhinoceros 的虚拟空间中的实体可以同时具有"实心"和"空心"两种状态，乍一听很难理解。如果有读者了解量子力学，一定听说过"薛定谔的猫"。奥地利物理学家薛定谔用"薛定谔的猫"这个假定来解释微观领域中的量子的叠加原理。由于量子的不确定性同时存在"活"和"死"的状态，这两种状态是叠加在一起的，究竟猫是死是活取决于观测者的观测，如果没有观测，这只猫处于"既死又活"的状态。把 Rhinoceros 虚拟空间中的物体分为实心或空心主要目的是便于对照现实世界中的物体，因为在 Rhinoceros 虚拟空间中并不存在现实世界中实心的物体，所有的物体都必须由曲面组合而成，在这种条件下，实体就如同"薛定谔的猫"一样，同时存在实心和空心两种状态，究竟是实心还是空心，取决于操作者对它的定义。以一个立方体为例，这个由 6 个面构成的实体如同现实世界中的纸箱，内部可以是一种空心的状态，但如果你认为这是一块豆腐，那么它的内部就是实心的状态，当然，当需要对构成这块"豆腐"的某些曲面进行编辑时，它还是可以回到空心状态的。接下来，通过几个小例子来深入了解这种奇妙的关系。

　　如图 2-11 所示的两个球体，如果你认为这是两个雪球，那么它们就是实心的，如果你认为这是两个气球，那么它们就是空心的。

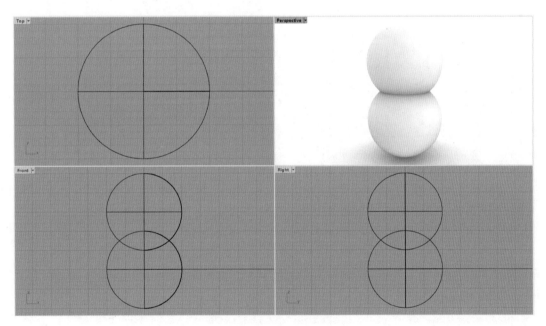

图 2-11

　　如果认定这两个都是实心的球体，就可以使用【Solid Tools】（实体工具）工具列中的命令对它们进行修改，如图 2-12 所示，选取两个球体，单击【Boolean union】（布尔运算联集）按钮将两个球体结合在一起。

　　以上命令执行完成后，可以看到两个球体重叠在一起的部分消失了，两个球体被合并了，如图 2-13 所示。

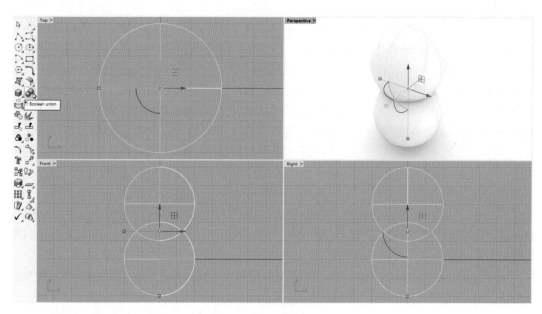

图 2-12

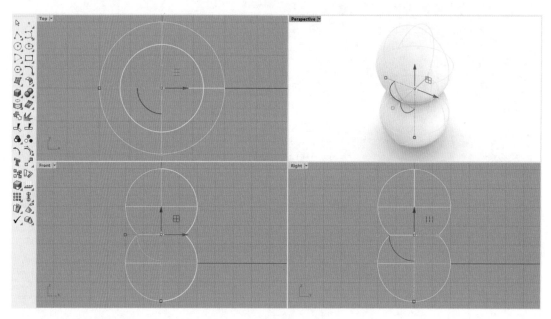

图 2-13

单击顶部工具栏中的【Undo】（复原）按钮复原刚才这个步骤，长按鼠标左键打开【Solid Tools】（实体工具）工具列，先选取底部的球体，单击【Boolean difference】（布尔运算差集）按钮，如图 2-14 所示。再选取上部球体，按回车键或右击得到如图 2-15 所示结果。

再次复原，先选取底部的球体，单击【Boolean intersection】（布尔运算交集）按钮，如图 2-16 所示。再选取上部球体，按回车键或右击得到如图 2-17 所示结果。

继续复原，先选取底部的球体，单击【Boolean split】（布尔运算分割）按钮，如图 2-18

所示。再选取上部球体，按**回车键**或右击得到如图 2-19 所示的结果（分割完后将顶部的球体删除，重叠部分往上移动少许距离）。

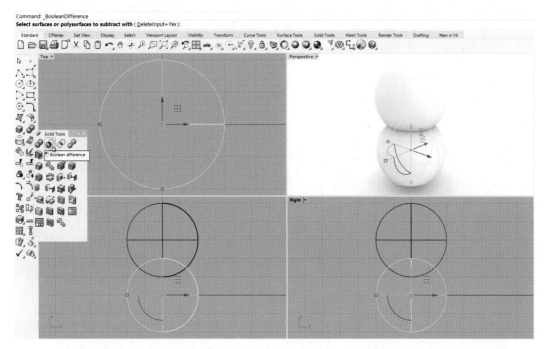

图 2-14

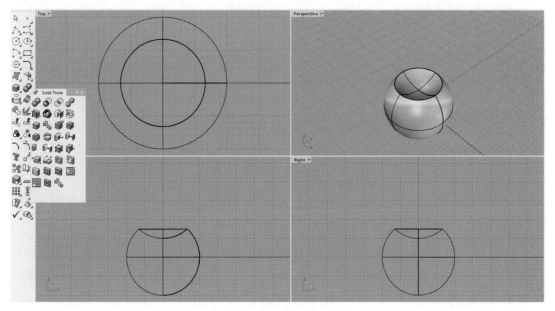

图 2-15

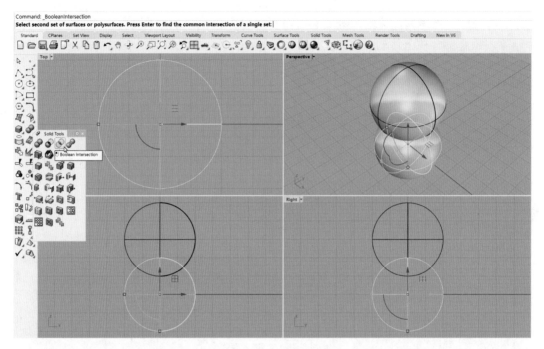

图 2-16

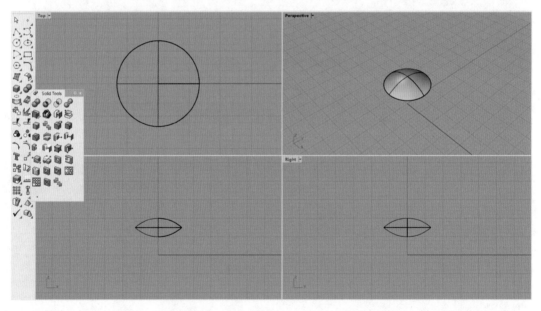

图 2-17

上述操作中，可以先选球体再单击按钮来执行操作，也可以先单击按钮，再根据命令栏的提示来执行操作。在多个物体同时存在的情况下，可以将这些物体全部选取来执行命令，**右击**或按**回车键**进入下一步，或结束命令，具体采用哪种方式只要符合自己习惯就好。

以上都是将实体看作"实心"的状态下的操作，如果将这两个球体视为"空心"，那么这两个球体只是两个曲面，也可以使用曲面的编辑命令对其进行编辑。如图 2-20 所示，先选取底部的曲面，单击左侧工具栏中的【Split】（分割）按钮，再选取上面的曲面，右击或按回车键结束命令。

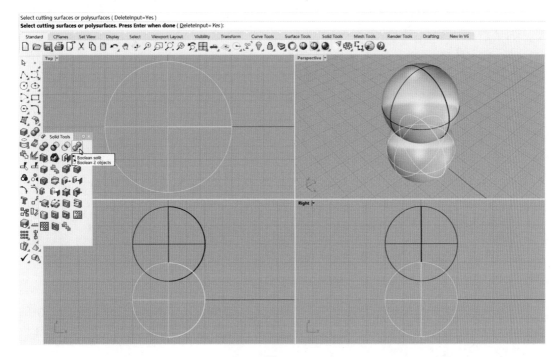

图 2-18

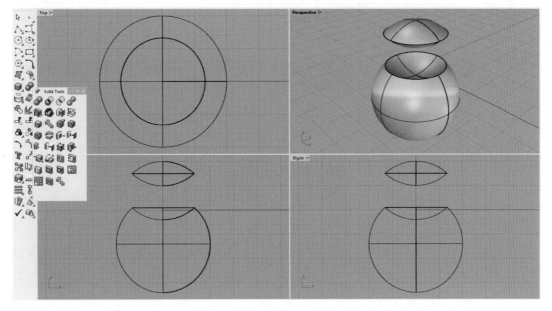

图 2-19

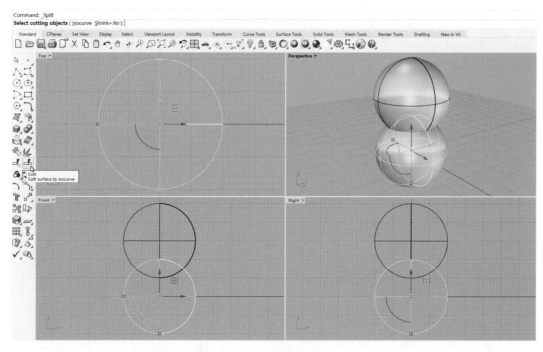

图 2-20

可以看到两个曲面间的交界处出现了一条较粗的边缘线，单击选取上面的用于分割的曲面，将被分割曲面的上半部分向上拖动一段距离，如图 2-21 所示，就能看到这个球体内部"空心"的样子了。

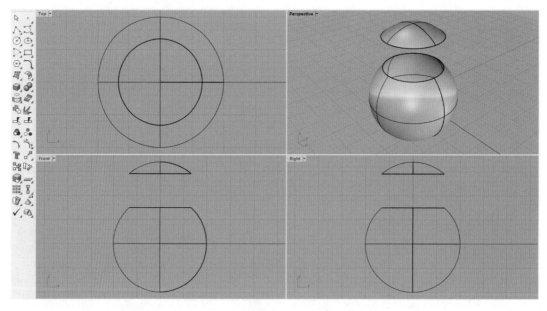

图 2-21

2.6　小结

在 Rhinoceros 虚拟空间中创建的任何物体都是由一个或多个曲面组合而成的，如同一个纸箱，它们的内部都是"空心"的。但当操作者认为它们的内部是"实心"时，就可以使用【**Solid Tools**】（**实体工具**）工具列中的命令对它们进行编辑，当需要对其中某些曲面进行单独编辑时，又可以将它们视为"空心"，这时可以使用【**Surface Tools**】（曲面工具）工具列中的命令对它们进行编辑。

本章讲述的这两种特殊的曲面与曲面的关系在现阶段理解起来可能有点困难，但随着学习的继续深入，当大家对 Rhinoceros 虚拟空间不再陌生时，就能在操作中自如地切换了。

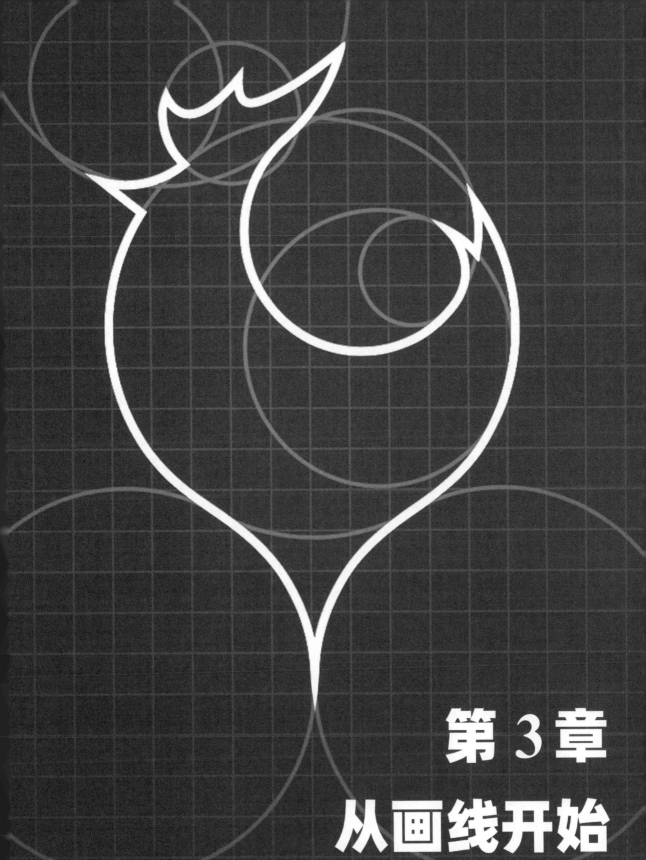

第 3 章
从画线开始
"强大的矢量绘图工具"

3

3.1 曲线的"阶"

在 **1.9 节**中，大家初步了解了点、线、面在 Rhinoceros 里的关系，在 Rhinoceros 中构建曲面的基本单位就是曲线。因此，学习建模第一步就是要学会绘制曲线。

在 Rhinoceros 中，绘制直线非常简单，由于在空间中任意两点均可以定义一条直线，因此我们可以长按【Line】（线条）工具列中的【Single Line】（单线条）按钮，通过直接在任何视图单击任意两点绘制出一条直线。然而在 Rhinoceros 中 **Curve**（曲线）的绘制就比较复杂了，这里首先要向大家简单介绍什么是曲线的 **Degree**（阶）。可以将任何三维建模软件的建模过程看成一种重现世界的过程，借助用来描述和定义世界的数学工具，软件使用的所有命令都是基于数学定义的，所有的线条曲线都是由计算机通过执行公式代码生成的结果。从数学上定义直线至少需要 2 个控制点，定义一条圆弧则至少需要 3 个控制点，定义一条自由曲线则至少需要 4 个控制点，如果转换为数学方程式，那么直线是一次方程，圆弧是二次方程，自由曲线为三次或三次以上的多项式函数，这里的次数就是 Rhinoceros 中的 **Degree**（阶）。曲线的阶数可以看作最少定义该曲线的控制点数减"1"，比如直线就是 1 阶曲线，圆弧就是 2 阶曲线。

Degree（阶）对曲线又有什么意义呢？在 Rhinoceros 中绘制曲线时，曲线的阶数越高，控制点之间的关系就越紧密，拖动控制点时曲线的变化幅度就越小，曲线就如同弓弦绷得越紧，曲线的光滑度也会越高。但这并不意味着在 Rhinoceros 中创建曲线的阶数越高就越好。Rhinoceros 中创建的曲线或曲面的阶数越高，计算机的计算量也越大，而某些工程类 CAD 软件不支持导入 3 阶以上的曲线或曲面。一般认为，在保证一条曲线形状符合要求的前提下，定义它的控制点数越少，曲线的品质就越高。综上所述，曲线的阶是指在三维虚拟空间中定义曲线形状的多项式函数的次数。关于曲线"阶"的概念，在 **6.8 节**中还有更深入的介绍。

3.2 绘制基本曲线

Rhinoceros 默认的最基本的两个曲线绘制工具 Curve: interpolate points（内插点曲线）和 Control Point Curve（控制点曲线）默认的起始阶数都是 3。在 Rhinoceros 默认的工具列布局中，控制点曲线位于默认的曲线工具列中的标题显示位置，如图 3-1 所示。

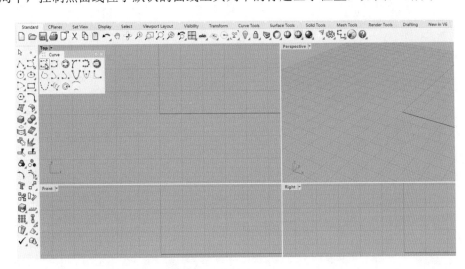

图 3-1

在视图 Top（前视图）中用 Control Point Curve（控制点曲线）和 Curve: interpolate points（内插点曲线）工具分别绘制一段如图 3-2 所示的波形图，然后单击【Show object control points】（显示物体控制点）按钮，用鼠标拖动其控制点位置，结束后右击同一按钮关闭控制点显示（将鼠标放在该工具按钮上停留少许时间，会显示该工具按钮左右键不同的功能）。

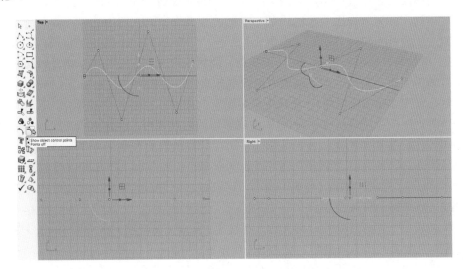

图 3-2

如图 3-3 所示，单击【Show curve edit points】（显示曲线编辑点）按钮，拖动编辑点的位置，观察曲线的变化，对比与【Show object control points】（显示物体控制点）按钮有什么区别。

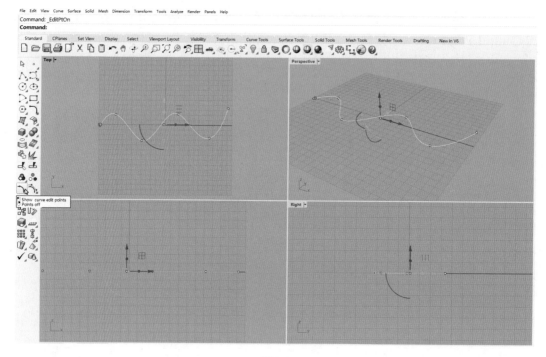

图 3-3

3.3　曲线的修剪和分割

在绘制曲线过程中会经常用到两个工具：Trim（修剪）和 Split（分割），两者的按钮图标非常相似，并列放在工具栏的中部，图标的含义就如同它们的功能一样，前者是将物体修剪掉，后者是将物体分割开。如图 3-4 所示，先单击【Rectangle: Corner to Corner】（长方形：角对角）按钮在视图 Top（顶视图）创建一个方形线框，再单击【Polyline】（多重直线）按钮创建一条从上到下横贯方形线框的直线，最后单击【Trim】（修剪）按钮。

仍然在视图 Top（顶视图）（注意每个视图左上部的标签颜色是不同的，深色的那个标签表示当前正在该视图进行操作），单击方形线框的右边部分（注意要点在线上，不要点在"空气"中）。如图 3-5 所示，方形线框的右边部分被选取的直线部分"修剪"掉，修剪掉的部分会消失。修剪完右边部分，你可以看到命令栏上还是有一行加粗字体的命令提示，意味着你可以继续执行 Trim（修剪）命令，可以试着把方形线框的左边部分也修剪掉，然后右击或按回车键结束该命令。

重新绘制一个方形线框和一条直线，在视图 Front（前视图）或视图 Right（右视图）中将直线向上脱离这个方形线框，如图 3-6 所示。

回到视图 Top（顶视图）（视图左上标签呈深色显示状态），重复前述的修剪操作，发现仍然可以用直线将方形线框的左右部分修剪掉，如图 3-7 所示。因为对于 **Trim（修剪）** 命令而言，只要是在该视图的垂直屏幕方向修剪物体和被修剪物体看上去相交［在该例子中，在视图 **Front（前视图）** 中两者分别是直线和点，并未相交；在视图 **Right（右视图）** 中两者是两条平行线，平行线怎么可能相交］，无论两者相距多远，仍然可以用 **Trim（修剪）** 命令将被修剪物体修剪掉，我们将其称为"隔空切物"。这是 Rhinoceros 6.0 版本中的变化，5.0 版本及以前的版本在修剪曲线时必须要求两者相交，在修剪曲面时，没有这个要求。

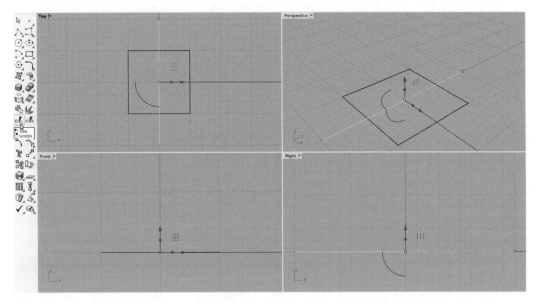

图 3-4

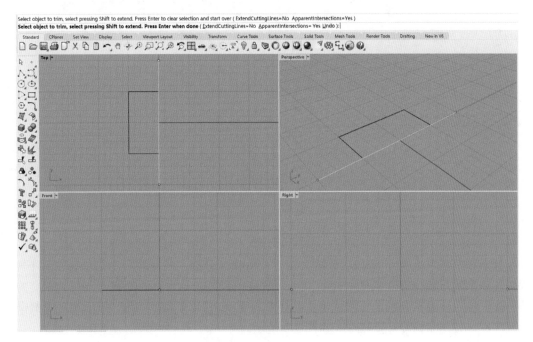

图 3-5

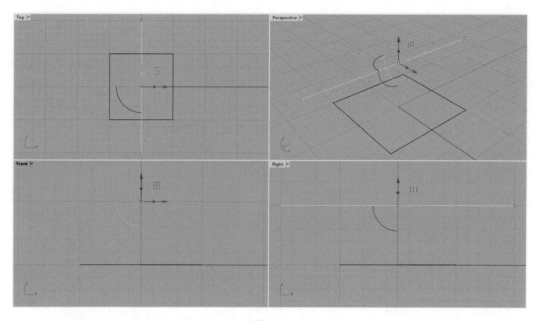

图 3-6

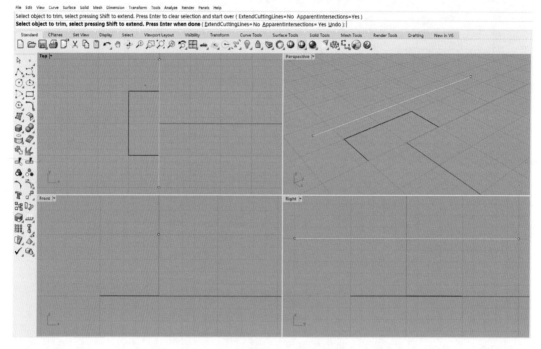

图 3-7

接着来看看怎么操作 **Split**（**分割**）命令。**Split**（**分割**）的操作顺序与修剪有所不同，跟前述修剪的步骤一样，仍然在视图 **Top**（顶视图）画一个方形线框和一条与其相交的直线。首先选取准备被分割的方形线框，然后单击【**Split**】（**分割**）按钮，最后选取直线，右击或按回车键结束命令，如图 3-8 和图 3-9 所示。

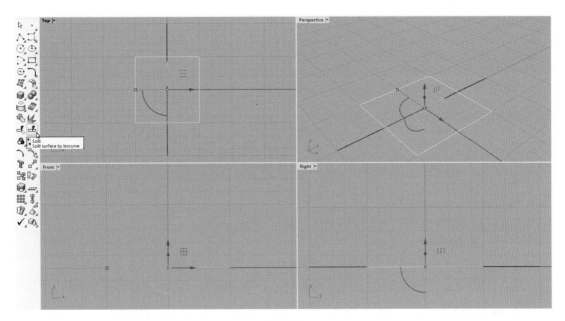

图 3-8

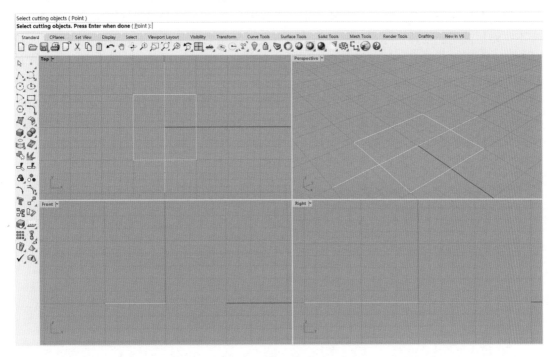

图 3-9

　　执行上述操作后，方形线框被直线"分割"成了左右两部分，如图 3-10 所示。将直线拖至方形线框上方，如图 3-6 所示。再单击【Split】（分割）按钮，发现无法分割成功，命令栏提示 "**Split failed, objects may not be within tolerance of one another**"（分割失败，物件可能不在公差内）。因此在"隔空切物"这个功能上，**Split**（分割）与 **Trim**（修剪）是截然不同的。

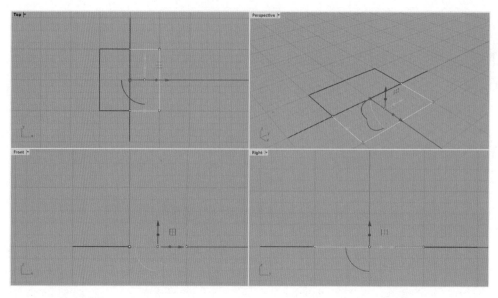

图 3-10

需要说明的是，在切割线时，**Trim（修剪）**与 **Split（分割）**在"隔空切物"上有所差异，但是在切割面时具有相同的特性，也就是说无论是 **Trim（修剪）**还是 **Split（分割）**，都不需要与被切的物体实际存在重叠部分，只要在特定的视图垂直于屏幕的方向上两个物体视觉上存在部分重叠，就可以成功执行这两个命令。如图 3-11 所示，在视图 **Front（前视图）**（视图左上标签呈深色显示状态）中的直线与球体存在重叠的关系，但从另外几个视图中可以看出两者实际并未重叠，仍然可以使用 **Trim（修剪）**进行修剪，或者使用 **Split（分割）**进行分割，如图 3-12 所示。当然，在视图 **Top（顶视图）**和视图 **Right（右视图）**中，直线和球体是没有重叠的，因此无法使用这两个命令，那么，在视图 **Perspective（透视图）**中又会怎样操作呢？大家可以尝试着操作。

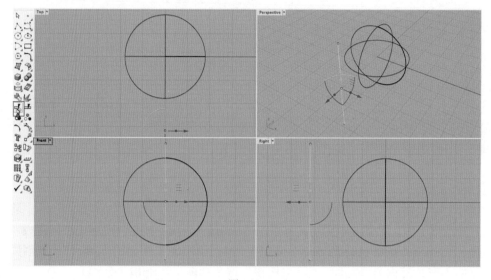

图 3-11

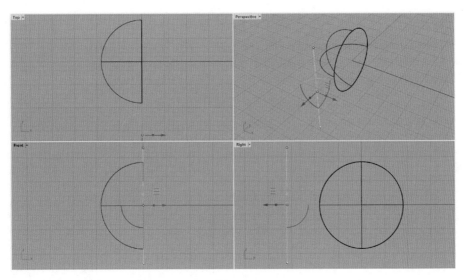

图 3-12

3.4　实例练习

接下来通过一个实例来练习如何使用 **Trim（修剪）** 与 **Split（分割）** 这两个工具。先在纸上画一只可爱的小狗，用手机拍摄后导入计算机（也可扫描如图 8-1 所示的二维码，从本书配套电子资源库中下载"第 8 章-Lovely Dog"文件），在视图 **Top（顶视图）** 左上角的标签页右击打开菜单选择 **【Background Bitmap】（背景图）** 选项，在右侧出现的菜单中单击 **【Place】（放置）** 选项，将这张图导入视图 **Top（顶视图）** 中作为背景图，接下来参考这个图来绘制曲线，如图 3-13 所示。

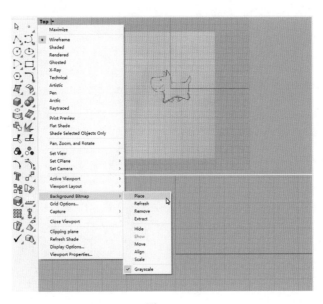

图 3-13

为了便于操作，同时也为了统一构成这只小狗的所有线条的造型，在这个例子中所有曲线全部使用 **Circle: center, radius**（圆：中心点、半径）命令来绘制，如图 3-14 所示。

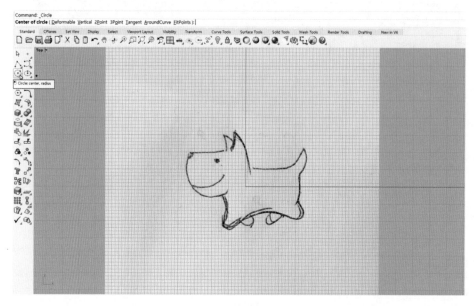

图 3-14

通过定位圆心和半径的方式来绘制圆形线条，逐段将小狗的轮廓线条绘制出来，打开 **Gumball**（操作轴）随时调整圆形线条的大小和位置，使之尽量接近小狗的轮廓线条，如图 3-15 所示。这时为了更加自由地控制曲线的位置，可以选择关闭 **Grid Snap**（锁定格点）。

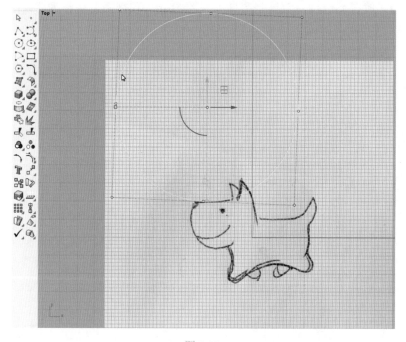

图 3-15

　　如图 3-16 所示，将所有的轮廓线绘制完毕后，可以看到在视图中有大量的圆形线条相交。

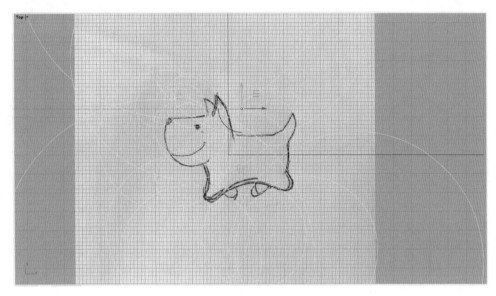

图 3-16

　　如图 3-17 和图 3-18 所示，单击【Circle tangent to 3 curves】（圆与数条曲线正切）按钮画出两条狗腿之间的相切的圆，单击这个按钮后，光标会自动移动到靠近光标的线条，单击一次先确定第一个相切点的曲线位置，确定第二条曲线适当的相切点位置后再次单击，再右击或按回车键结束命令（该命令默认是与三条曲线相切，如果两条已满足需求，那么可以提前结束命令），一个与两条曲线相切的圆就绘制完成了。

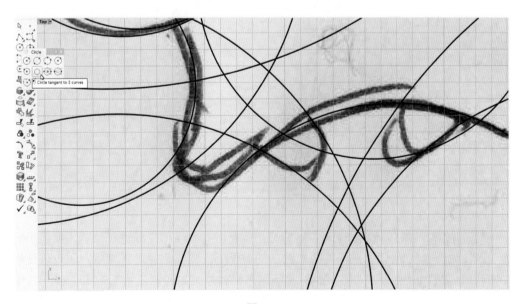

图 3-17

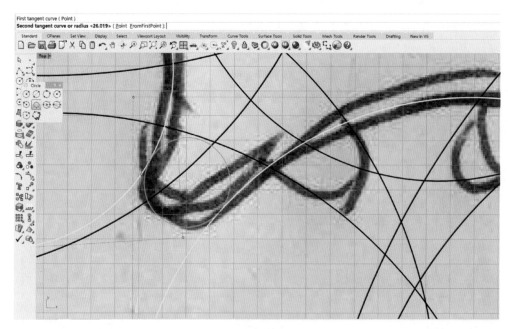

图 3-18

绘制完毕所有的相切圆曲线，如图 3-19 所示。

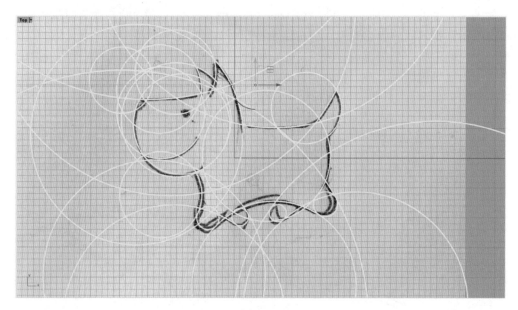

图 3-19

接着选取所有线条，使用 **Trim（修剪）**命令对所有曲线相交处进行修剪，保留小狗轮廓的线条，如图 3-20 所示。在同时选取线条的条件下，能够相互进行修剪，还可以使用单击并拖动鼠标**左键**框选的方式将大面积线条同时修剪掉（如何框选见 **1.5 节**），操作效率非常高，这也是 **Trim（修剪）**这个命令独有的特点。**Split（分割）**不能进行类似操作，只能按照 **3.3 节**中介绍的方式按步骤进行操作。

注：在存在大量线条的场景中，执行 **Trim**（**修剪**）命令过程中万一修剪错了线条，可以单击顶部工具栏【**Undo**】（**复原**）按钮撤销上一步命令。不要急着右击或按回车键结束命令，因为不管完成修剪的内容多复杂，如果不小心修剪错了，结束命令后再执行 **Undo**（**复原**）时，前一步中所有已完成的修剪都会被撤销。

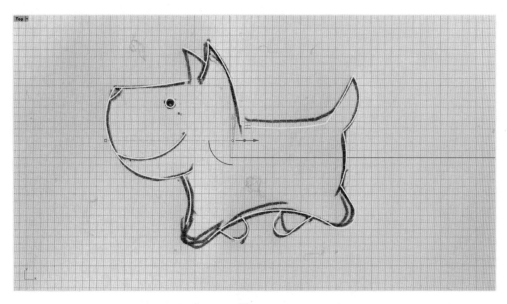

图 3-20

如图 3-21 所示，假如修剪完毕后，发现有部分线条（耳部和前腿处）不小心遗漏或修剪错了，也不用着急，可以用其他方式进行修补。

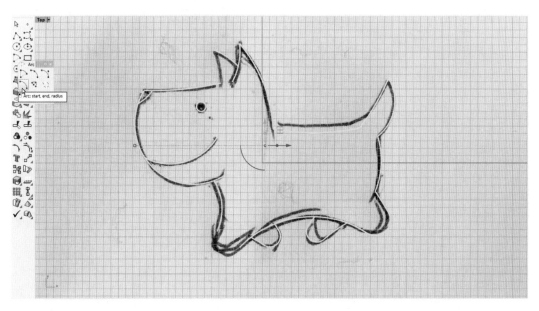

图 3-21

如图 3-22 所示，长按【**Arc: center, start, angle**】（**圆弧：中心点、起点、角度**）按钮

打开 **Arc**（圆弧）工具列，单击【**Arc: start, end, radius**】（圆弧：起点、终点、半径）按钮重新连接耳部的线条。记得此时应启用 **Osnap**（**物件锁点**）功能（字体呈粗体显示），勾选【**End**】（**端点**）复选框，这时光标就会自动移动到物体的端点上。

图 3-22

再分别单击耳部线条的两个端点，用随后生成的控制柄在视图中拖动改变圆弧的大小，使之与背景图的轮廓贴合，如图 3-23 所示。

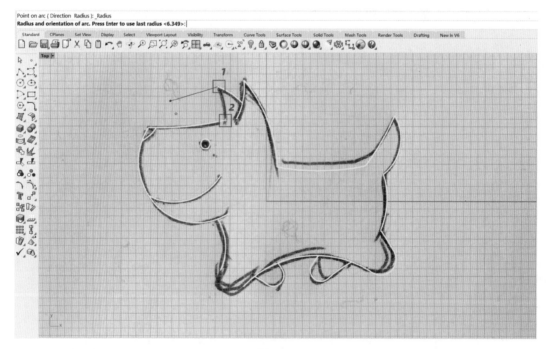

图 3-23

使用 **Circle tangent to 3 curves**（圆与**数条曲线正切**）命令重新绘制前腿处的相切圆，再选取这些曲线执行 **Trim**（**修剪**）命令将多余的曲线修剪掉，如图 3-24 所示。

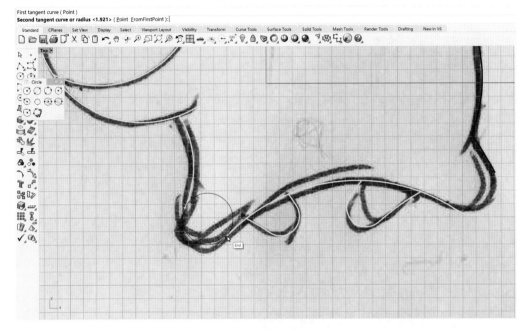

图 3-24

至此，一只可爱的小狗就绘制完成了。Rhinoceros 中绘制的线条与其他矢量绘图软件一样，绘制的线条都是矢量图形，将这些线条全部选取，在菜单栏单击【**File**】（**文件**）选项，在下拉菜单中单击 【**Export Selected**】（**导出选取的物件**）选项，在保存类型中选择"**Adobe Illustrator(*.ai)**"格式，命名后将曲线以"***.ai**"格式保存在计算机中，就可以用平面类绘图软件对其进行编辑了。如果将之前没有修剪的原始曲线一起导出并加以处理，那么最后可以呈现出如图 3-25 所示的效果。

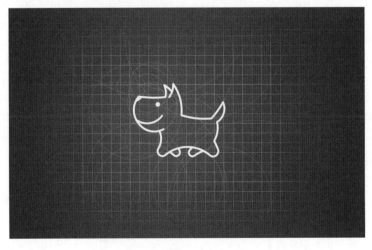

图 3-25

另外，还可以使用 **Curve Tools**（曲线工具）工具列和 **Array**（阵列）工具列中的命令对曲线进行排列和组合。借助 **Grid Snap**（锁定格点）和 **Gumball**（操作轴）的帮助，勤加练习，就会发现在 Rhinoceros 中绘制曲线会比使用很多其他的矢量绘图软件更高效。

3.5 将平面曲线挤压成实体

如果要将平面曲线变成立体模型，那么可以先选取要挤压的曲线，单击【**Solid Creation**】（建立实体）工具列中的【**Extrude closed planar curve**】（挤压出封闭的平面曲线）按钮，这个按钮名称显示执行的对象是封闭的平面曲线，但即使曲线不是平面的，或者没有封闭，也能够执行该命令，只是挤压出的曲面不是实体，如图 3-26 所示。

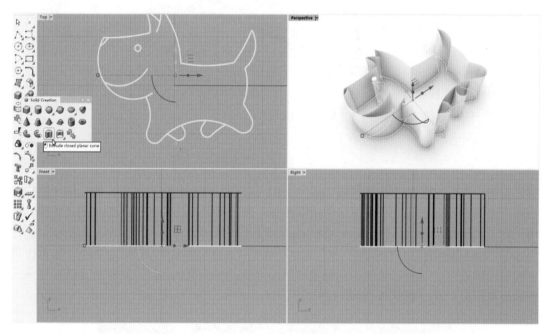

图 3-26

注：有时在执行 **Extrude closed planar curve**（挤出封闭的平面曲线）命令时会跳出对话框，提示存在"**self-intersecting curves**"（自交曲线），如上所述会呈现出如图 3-26 所示的结果，说明该曲线在某端点处存在错位或重叠的情况。这时可以单击【**Analyze**】（分析）工具列中的【**Show curve ends**】（显示曲线终点）按钮，在跳出的对话框中启用【**Open curve starts**】（开放曲线的起点）或【**Open curve ends**】（开放曲线的终点）复选框，就能发现曲线中交错的位置，如图 3-27 所示。然后按照后续步骤所述将多余部分修剪，重新组合曲线即可。

如图 3-28 所示，小狗身体轮廓的曲线其实是由两段构成的，这两条曲线首尾无法连接形成交错，不能形成封闭的曲线。所以要先使用 **Trim**（修剪）工具将这两条曲线多余的部分修剪掉，再利用 **Join**（组合）工具将它们组合在一起，如图 3-29 所示。

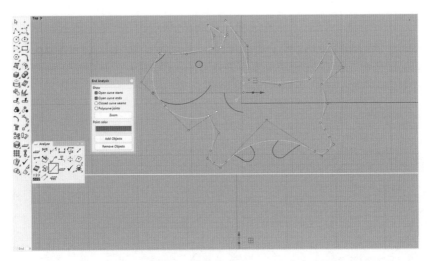

图 3-27

图 3-28

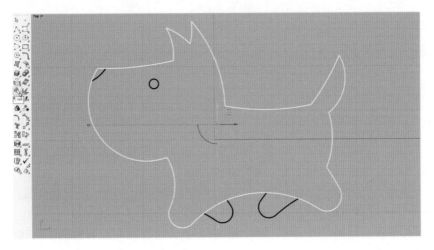

图 3-29

接下来，还要考虑小狗的另外两条腿，这两条腿的曲线不是封闭的。这里常用的一种方法是将小狗身体的曲线复制一份并移到边上，移动前必须启用 **Grid Snap**（**锁定格点**），这样能够确保移回时仍然在以前的位置。使用 **Trim**（**修剪**）命令将余下的身体曲线与另外两条腿的封闭轮廓修剪成型，如图 3-30 和图 3-31 所示。

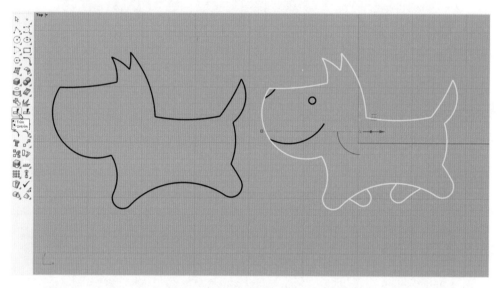

图 3-30

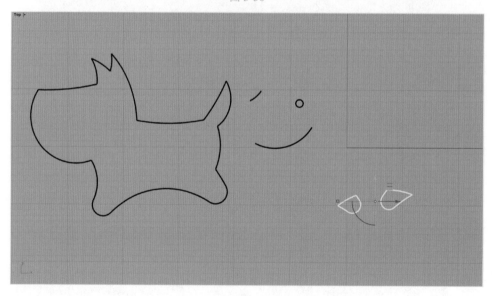

图 3-31

将刚才那段身体曲线移回原位，如图 3-32 所示。

接着还需对小狗的鼻子进行编辑，使其成为单独的封闭曲线。选取身体曲线使用 **Split**（**分割**）命令，选取鼻子那条曲线将身体曲线分割开，如图 3-33 所示。

将鼻子的那条曲线用"Ctrl+C"和"Ctrl+V"组合键在相同位置复制、粘贴一份，一端与身体曲线组合在一起，另一端与鼻尖曲线组合在一起，如图 3-34 和图 3-35 所示。

图 3-32

图 3-33

图 3-34

图 3-35

　　到这步为止，除了小狗的嘴，其他部分的曲线都已经形成了封闭的轮廓曲线。选取这些封闭的曲线，单击【Solid Creation】（建立实体）工具列中的【Extrude closed planar curve】（挤出封闭的平面曲线）按钮，将身体、鼻子和两条腿 4 段封闭曲线挤压成一个实体，并赋予相应的材质和颜色，如图 3-36 所示。

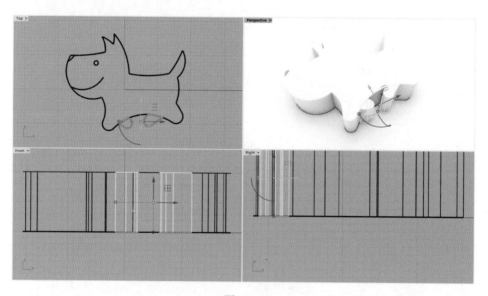

图 3-36

　　可以用另一种方式来创建小狗的嘴。单击【Arc】（圆弧）工具列中的【Arc: start, end, radius】（圆弧：中心点、起点、角度）按钮生成一段圆弧曲线，在身体轮廓边缘稍微留出一些距离，将这条曲线移至小狗顶端，单击【Solid Creation】（建立实体）工具列中的【Pipe: Round caps】（圆管：圆头盖）按钮将其生成为一个两头圆形的圆管，如图 3-37 所示。

　　注：圆管的半径可以使用拖动光标或在命令栏中输入数值来确定，当一端的半径确定后，可以通过右击或按回车键来确定另一端同样的半径，再次右击或按回车键结束命令。

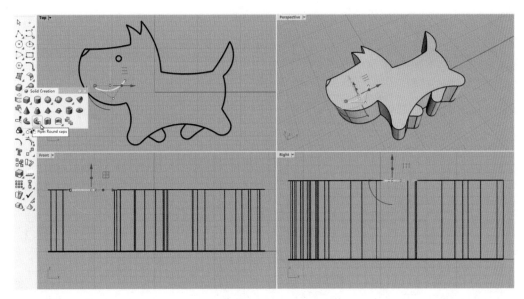

图 3-37

使用 **Boolean difference**（布尔运算差集）命令将这个圆管从小狗身体中去除，如图 3-38 和图 3-39 所示。

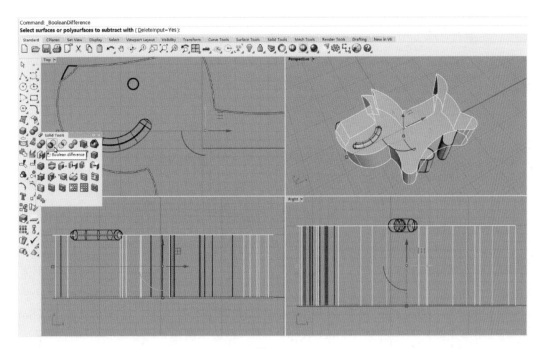

图 3-38

前述步骤中，在执行 **Extrude closed planar curve**（挤出封闭的平面曲线）命令时，忘记将眼睛那条曲线一起挤压了，这时再处理也不难。单独将眼睛挤压为一根圆柱，使用 **Boolean split**（布尔运算分割）命令将眼睛从身体中分割开，删掉圆柱，为眼睛赋予相应的材质和颜色，小狗的立体模型就做好了，如图 3-40 所示。

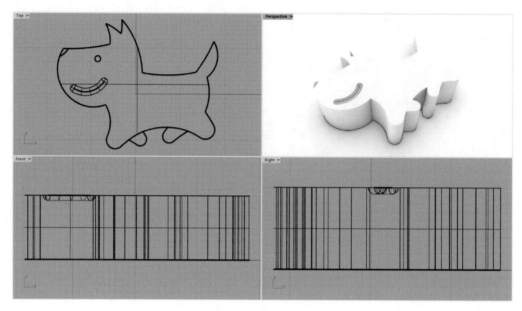

图 3-39

图 3-40

目前这个小狗的边缘比较尖锐，腿部分开的轮廓也看不出来。可以尝试使用【Solid Tools】（实体工具）工具列中的 **Fillet edges**（不等距边缘圆角）命令来改善这种情况，如图 3-41 所示。这个命令通常称为"倒角"，在 Rhinoceros 建模中是一个常用的命令，倒角有很多种情况，也容易出现问题，具体内容后面还会讲解。

单击【**Fillet edges**】（不等距边缘圆角）按钮，在命令栏上将倒角的大小"**NextRadius**"（下一个半径）设定为一个合适的值，然后用光标在视图 **Front**（前视图）中从左上至右下框选出（框选的介绍详见 **1.4 节**）需要倒角的边缘，如图 3-42 所示。

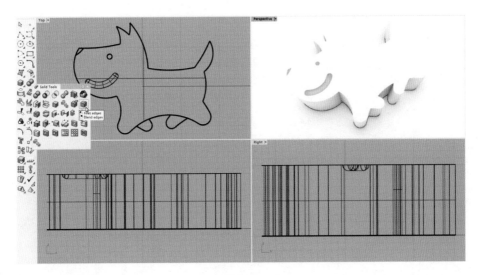

图 3-41

图 3-42

　　框选后能够执行倒角的边缘会被自动选取，并会用白色的线段提示倒角的范围，如
图 3-43 所示。

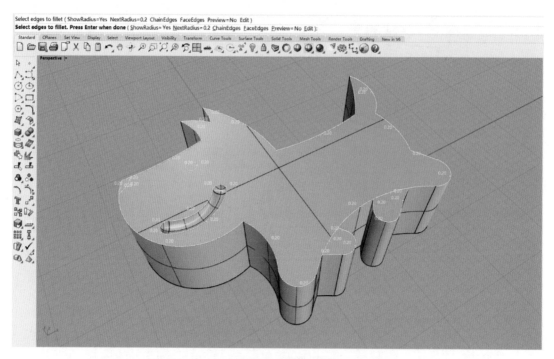

图 3-43

然后**右击**或按回车键结束命令，切换 **Perspective（透视图）**的显示模式为 **Rendered（渲染模式）**，可以看到小狗的边缘形成了圆角，两条腿的轮廓也变得更加清晰。但是小狗侧面的边缘没有执行过倒角，转折处看起来还是比较尖锐的，如图 3-44 中框起来的部分。

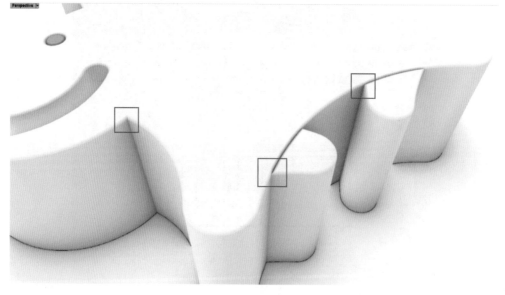

图 3-44

Undo（复原）刚才的倒角命令，重新执行倒角，这时从右下至左上框选，将小狗侧面的边缘全部选取，如图 3-45 所示。

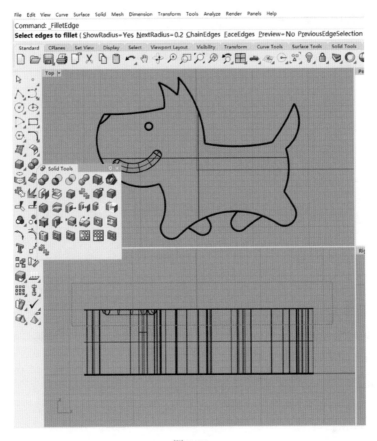

图 3-45

与刚才的操作不同，选择完毕，小狗侧面的边缘会被同时选取，如图 3-46 所示。

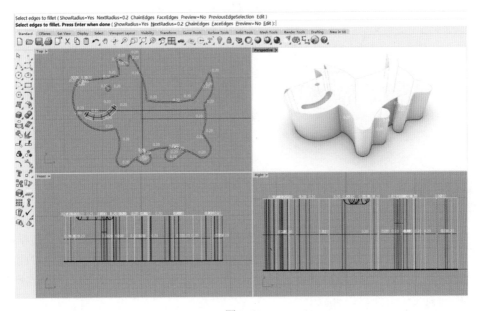

图 3-46

然后**右击**或按**回车键**结束命令，比较此时与刚才倒角之间的差别，看看哪种方式更好，如图 3-47 所示。

图 3-47

至此，一只可爱的小狗绘制好了。尝试用学过的方法制作一些蜡烛，并插在小狗上面把它变成一个生日蛋糕，如图 3-48 所示。

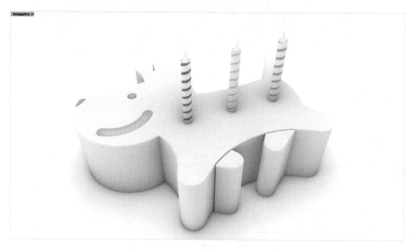

图 3-48

3.6 小结

在 NURBS 建模中，曲线是建立曲面的基础。因此，学好建模的第一步就是学会绘制曲线。本章只对平面曲线绘制做了初步讲解，在后续的学习中，将循序渐进地对曲线和曲面建模进行深入讲解。掌握用 Rhinoceros 绘制曲线这项本领后，不仅会对建模有所帮助，对平面视觉类设计工作也颇有益处。

第 4 章
尺度的重要性
"像工程师一样思考"

4.1 建立尺度的观念

在之前的几个章节中的案例练习很少涉及模型的具体尺寸，基本都是随意设定模型的大小。但在未来使用 Rhinoceros 进行实际工作时，就必须参考真实世界的物体尺度来设定模型的尺寸，进而在三维虚拟空间里建立起一个尺度的观念。这种观念有利于我们在从事设计工作时尽快进入状态，提高产品开发的效率，同时也有利于进一步丰富我们的空间想象力，一旦形成了尺度的观念，当看到一件产品时，就能够迅速估算出该产品的尺寸和比例，这种快速的尺度评估能力可以反映出较强的空间想象力，这对从事设计工作的人员来说是非常重要的。

本章将通过一个符合实际尺寸的马克杯的实例来演示如何根据真实世界的尺度来创建模型，创建过程中也会涉及一些新的命令和概念，需要我们共同学习。

4.2 马克杯的杯身

首先找一个马克杯并测量其尺寸。这里设定的马克杯的半径是 40mm、高是 90mm。打开 Rhinoceros 新建文档时用 **"Small Objects - Millimeters.3dm"** 作为模板（1 格为 1mm）。然后单击【**Solid Creation**】（建立实体）工具列中的【**Cylinder**】（圆柱体）按钮，单击将圆柱底面的圆心设定在 XYZ 坐标轴原点。最后分别在命令栏中输入 "40" 和 "90"，创建一个圆柱体，如图 4-1 所示。

注：在 Rhinoceros 中创建圆形物体时默认数值都是半径，若要输入直径，则可在执行命令时单击命令栏的 **"Diameter"**（直径）将默认数值更改为直径值。

接着继续使用 **Cylinder**（圆柱体）命令创建一个半径为 36mm 的圆柱体，高度比刚刚创建的更高一些，然后用 **Gumball**（操作轴）将其向上移动 6mm，如图 4-2 所示。

然后选取大圆柱体，单击【**Solid Tools**】（实体工具）工具列中的【**Boolean difference**】（布尔运算差集）按钮，再选取小圆柱体后，右击或按回车键，将小圆柱体与大圆柱体重合的部分减去，如图 4-3 和图 4-4 所示。

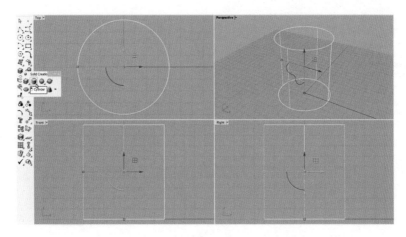

图 4-1

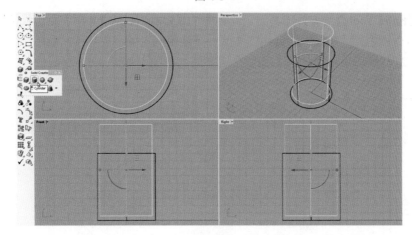

图 4-2

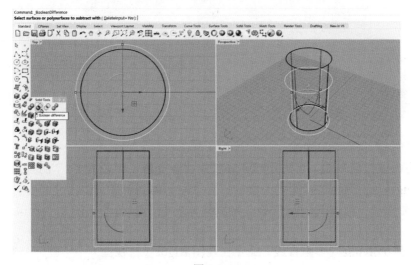

图 4-3

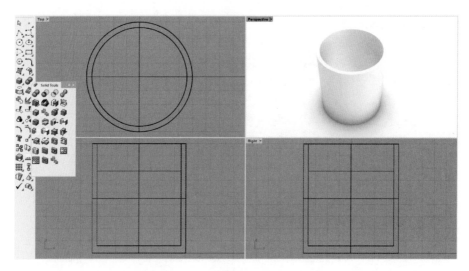

图 4-4

单击【Solid Tools】（实体工具）工具列中的【Fillet edges】（不等距边缘圆角）按钮，然后执行命令栏中的"NextRadius=1"（下一个半径=1）命令，输入"2"，将倒圆角的半径设定为"2"。然后单击圆柱体上部两个边和底部外边，如图 4-5 所示。

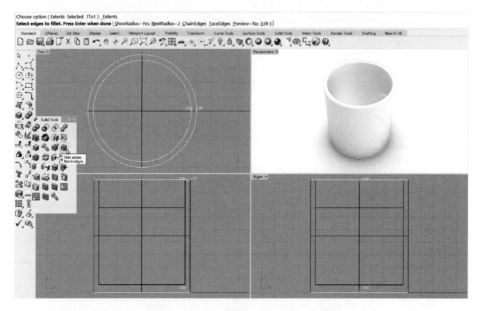

图 4-5

然后右击或按回车键，可见顶部和底部的边缘变成了半径为"2"的圆角。再执行一次 Fillet edges（不等距边缘圆角）命令，将"NextRadius"值改为"4"，再选取圆柱体内部底部的边缘，右击或按回车键，将圆柱体内底部的边缘倒圆角半径改为"4"，如图 4-6 所示。

接着利用 Polyline（多重直线）命令在视图 Right（右视图）中绘制一个半梯形线段，如图 4-7 所示。

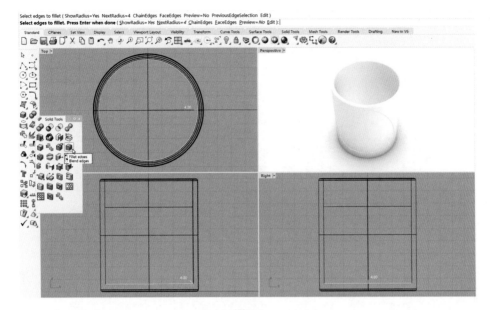

图 4-6

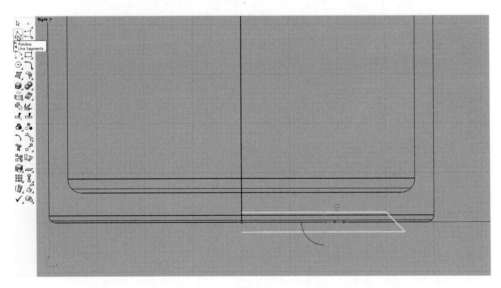

图 4-7

　　启用 **Grid Snap**（锁定格点），选取该线段，单击【**Surface Creation**】（建立曲面）工具列中的【**Revolve**】（旋转成型）按钮（见图 4-8），在视图 **Right**（右视图）中的 Z 轴上单击两次拉出一个旋转轴（见图 4-9），然后连续**右击两次**结束命令，生成一个由该线段旋转生成的圆台（见图 4-10）。

　　注：利用 Revolve（旋转成型）命令确定旋转轴后，第一次右击用于确定起始旋转的角度（可用在视图中单击或在命令栏中输入数值），第二次右击用于确定结束旋转的角度，连续**右击两次**则默认旋转角度为"0°～360°"，如在确定旋转角度时不小心单击或输入了数值，在下一次操作时连续**右击两次**则会按照上一次的旋转角度执行命令，而非"0°～360°"，如需恢复默认的"0°～360°"，则需在两次右击前在命令栏中分别输入"0"和"360"。

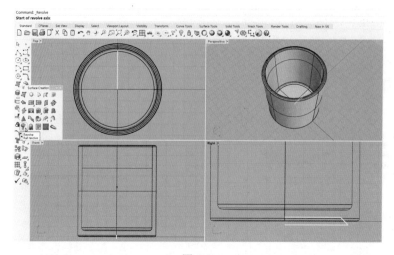

图 4-8

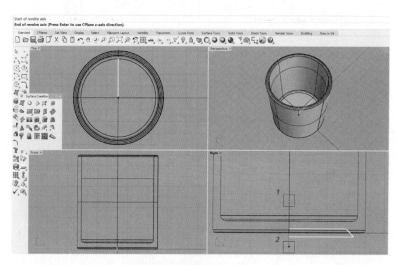

图 4-9

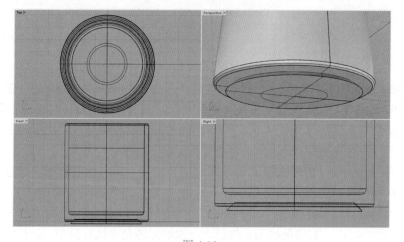

图 4-10

使用 **Boolean difference**（布尔运算差集）命令将马克杯主体与圆台相交部分除去，如图 4-11 所示。

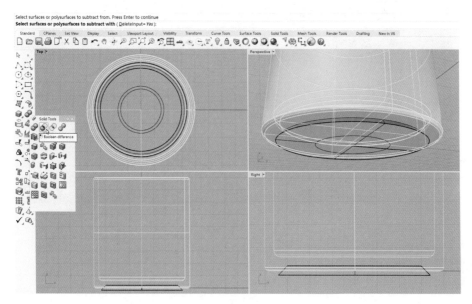

图 4-11

如前述操作执行 **Fillet edges**（不等距边缘圆角）命令，将"**NextRadius**"值改为"**2**"，选取底部斜面的两个边缘，**右击**或按**回车键**结束命令，生成两个倒圆角。到这一步马克杯的杯身就完成了，如图 4-12 和图 4-13 所示。

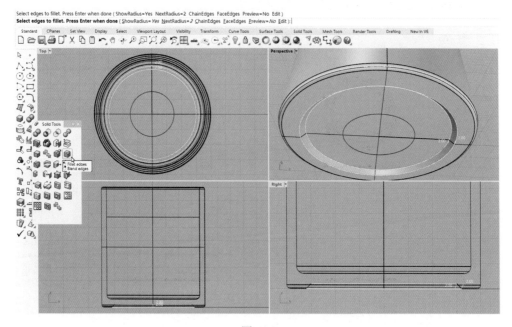

图 4-12

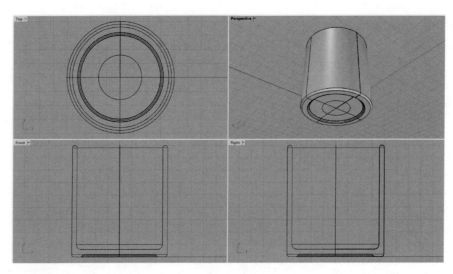

图 4-13

4.3　马克杯的手柄

接着来创建马克杯的手柄。在启用 **Grid Snap**（锁定格点）的状态下，使用 **Control Point Curve**（控制点曲线）命令在视图 **Right**（右视图）中绘制一条形似手柄的曲线，这里使用了 4 个点。如果对曲线初始形状不满意没有关系，可以在曲线绘制完成后拖动控制点来调整曲线的形状。为了使后面创建的手柄曲面与杯身充分贴合，这里绘制的曲线的端点都放在杯身内部 6mm 处，如图 4-14 中的右视图所示。

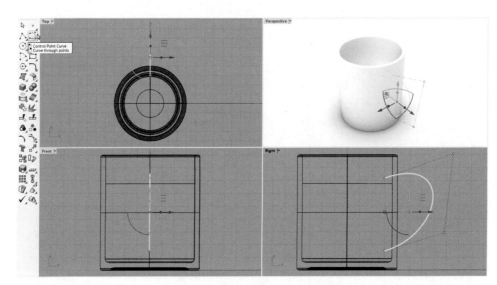

图 4-14

接着使用 **Ellipse: From center**（椭圆：从中心点）命令在视图 **Front**（前视图）中创建一个宽 16mm、高 8mm 的椭圆。在视图 **Right**（右视图）中拖动椭圆，使其侧面与手柄曲线顶点贴合，如图 4-15 所示。

　　注：勾选界面下方辅助工具栏中的【Osnap】（物件锁点）中的【End】（端点）复选框，启用 Osnap（物件锁点）功能，使用【Ellipse】（椭圆）工具列中的 Ellipse: around curve（椭圆：环绕曲线）命令，试着创建一个同样大小的椭圆，看看这个椭圆有什么特点，也可以用这个椭圆来进行后续的操作。

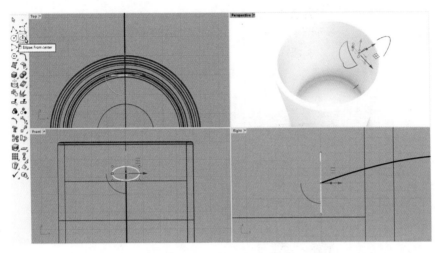

图 4-15

　　单击【Surface Creation】（建立曲面）工具列中的【Sweep 1 rail】（单轨扫掠）按钮（见图 4-16），当命令栏提示 "Select rail" 时，先选取路径，即手柄曲线（见图 4-17），当命令栏提示 "Select cross section curves"（选取断面曲线）时，选取断面曲线，即椭圆。右击或按回车键结束选取，在弹出的对话框中单击【OK】（确定）按钮（见图 4-18），生成一个由椭圆手柄曲线路径扫掠而成的曲面（见图 4-19）。

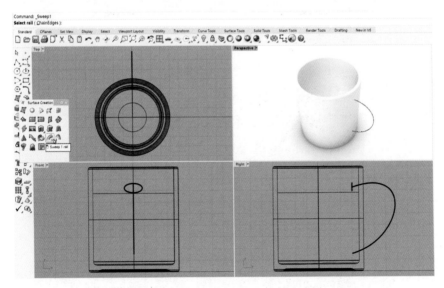

图 4-16

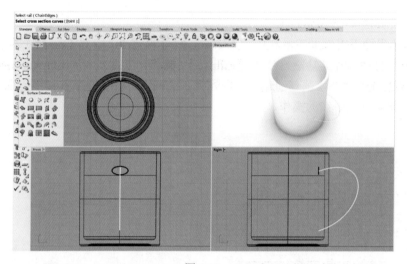

图 4-17

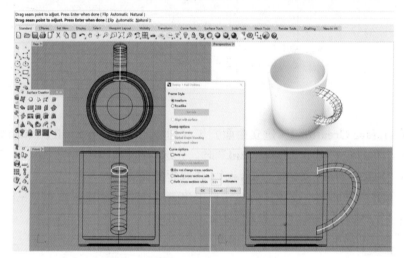

图 4-18

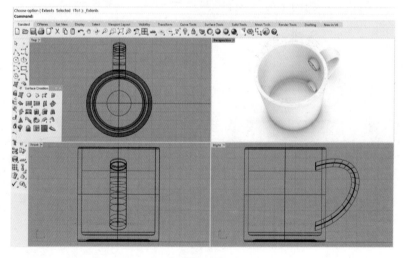

图 4-19

如图 4-19 所示，由于生成的手柄曲面有一部分从杯身内部露出，因此需要在 **Right**（**右视图**）中绘制一条直线来执行 **Trim**（**修剪**）命令，直线位置在杯身壁厚的中部，如图 4-20 所示。

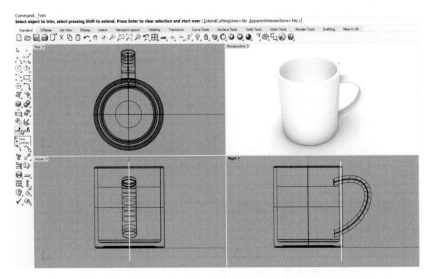

图 4-20

若要在 **Right**（**右视图**）中选取直线，则需要使用 **Trim**（**修剪**）命令将手柄曲面多余的部分修剪掉，使手柄曲面的开口"埋"在马克杯杯身的壁厚处，如图 4-21 所示。

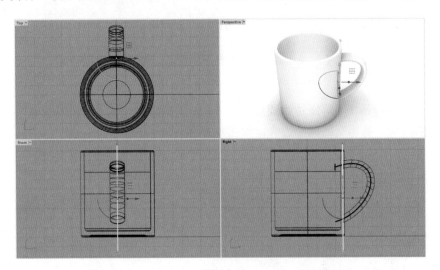

图 4-21

同时选取马克杯杯身和手柄曲面，单击【**Boolean union**】（**布尔运算联集**）按钮将两个曲面接合在一起，如图 4-22 和图 4-23 所示。

注：在这一步执行 **Boolean union**（布尔运算联集）命令时，可能会出现与预期相反的结果，如果出现这种情况，请在 **6.5** 节中寻求答案。或者选取手柄曲面，单击【**Solid Tools**】（**实体工具**）工具列中的【**Cap planar holes**】（**将平面洞加盖**）按钮将手柄曲面变成一个封闭的实体，再执行 **Boolean union**（布尔运算联集）命令时就不会出现这种情况了。

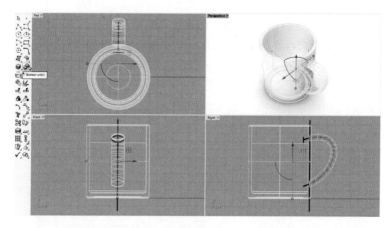

图 4-22

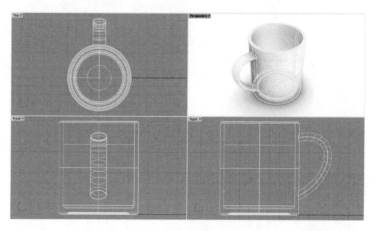

图 4-23

执行 **Fillet edges**（不等距边缘圆角）命令，将倒圆角半径值"**NextRadius**"改为"**4**"，选取手柄曲面与杯身相交的两个边缘，如图 4-24 所示。

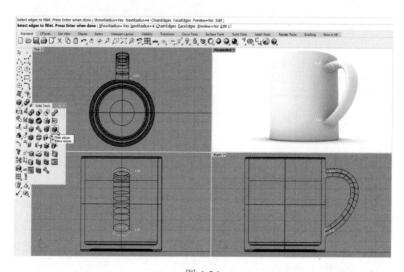

图 4-24

在命令栏中单击【**RailType=RollingBall**】（路径造型＝滚球）命令，将其改为"**DistBetweenRails**"（路径间距），如图 4-25 所示，右击或按回车键结束命令，呈现如图 4-26 所示的效果。接着执行 **Undo**（复原）倒角命令，选择另外两个路径造型选项，比较不同路径造型选项间的区别。

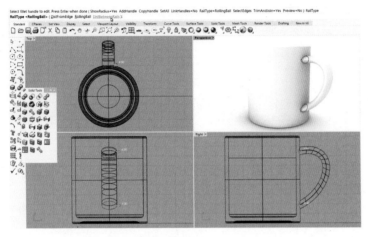

图 4-25

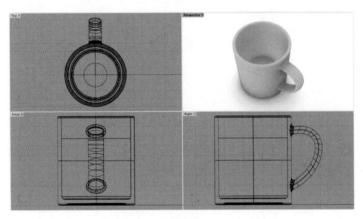

图 4-26

到此为止，一个符合实际尺寸的马克杯的建模就完成了。其实，在 Rhinoceros 中创建这类模型可以用的方法有很多种，其他方法读者可自行尝试。接着来学习建立这类模型更加高效的方法。

4.4 马克杯杯身一次性旋转成型

在前面的步骤中，或许有读者会想是否可以通过一次性旋转成型直接生成马克杯的杯身，这种想法是正确的。选取刚刚创建的马克杯模型，单击顶部工具栏中的【**Hide objects**】（隐藏物件）选项将其隐藏起来，运用在第 3 章学过的绘制曲线的方法，将马克杯杯身的曲线在 **Right**（右视图）中全部绘制出来，如图 4-27 所示。

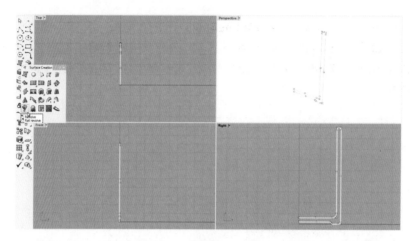

图 4-27

使用 **Revolve（旋转成型）**命令，以 **Right（右视图）**中的 Z 轴为旋转轴旋转 360°，直接生成马克杯的杯身，如图 4-28 和图 4-29 所示。

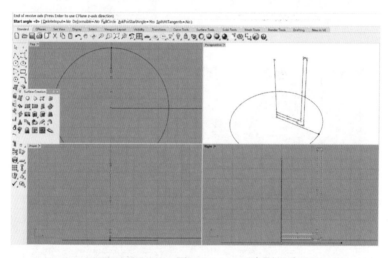

图 4-28

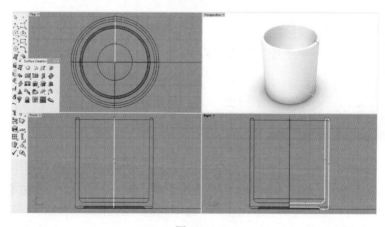

图 4-29

接着可以使用之前学过的方法绘制出手柄，也可以使用另一种方法将刚刚绘制的马克杯上的手柄直接移过来，这种方法在实际工作中能够有效提升修改模型的效率。单击顶部工具栏中【**Visibility**】（可见性）工具列中的【**Show selected objects**】（显示选取的物件）选项，选取刚刚被隐藏的那个马克杯模型，**右击**或按**回车键**将其恢复显示在视图中，如图 4-30 所示。

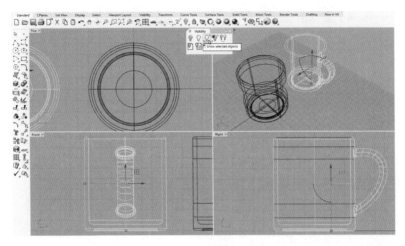

图 4-30

单击【**Solid Tools**】（实体工具）工具列中的【**Extract surface**】（抽离曲面）选项，依次选取手柄和上下两个过渡曲面，**右击**或按**回车键**结束命令，将这 3 个曲面从马克杯上抽离出来，如图 4-31 所示。选取这 3 个曲面并单击【**Join**】（组合）按钮将其组合为一体。

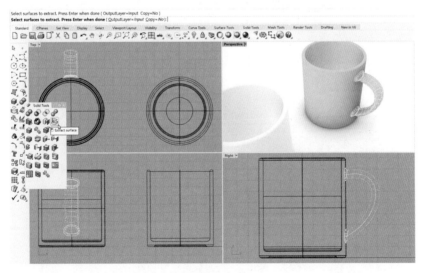

图 4-31

使用 **Gumball**（操作轴）将手柄移到刚刚生成的杯身上，由于之前 **Grid Snap**（锁定格点）一直处于开启状态，因此在执行移动操作时很容易将手柄移到手柄应处的位置上，在拖动时可以按 **Alt 键**复制手柄，如图 4-32 所示。

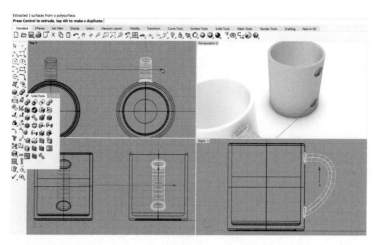

图 4-32

选取旋转生成的杯身，单击【**Split**】（**分割**）按钮（见图 4-33），在选取手柄后，右击或按**回车键**结束命令（见图 4-34）。

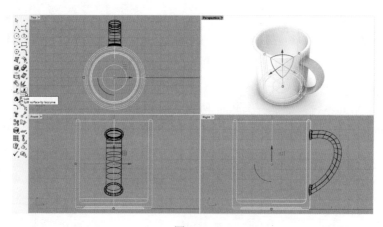

图 4-33

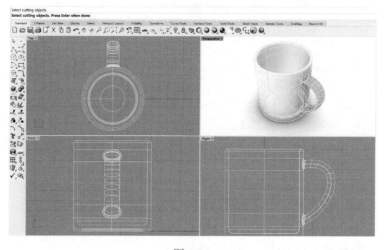

图 4-34

如图 4-35 所示，将杯身上被分离的两个曲面删除，使用 **Join**（**组合**）命令将杯身与手柄组合起来，马克杯就完成了，如图 4-36 所示。

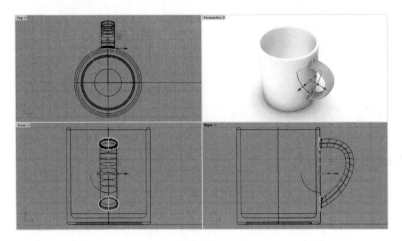

图 4-35

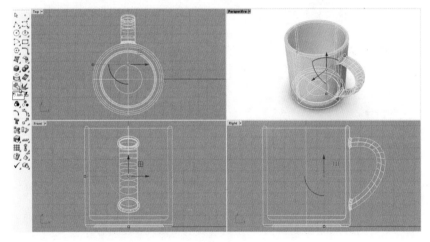

图 4-36

4.5　另一种连接杯身与手柄的方法

根据在 **2.2 节**中介绍过关于 Rhinoceros 中曲面与曲面的关系，可以知道在本章以上的几个步骤中是将杯身和手柄看作"实心"的物体来进行操作的。接下来介绍另一种连接杯身和手柄的方法，这种方法是将杯身和手柄看作"空心"的物体来进行操作的。回到杯身与手柄尚未连接的状态，如图 4-37 所示。

在接着往下做之前需了解一个新知识。在 **4.4 节**中介绍了使用 **Revolve**（**旋转成型**）命令直接生成杯身的方法，如图 4-38 所示。通过这种方式生成的曲面都会有一个特征，就是在起始旋转的那段曲线的位置会有一条较粗的结构线，如图 4-39 所示，杯身右边的曲线与图 4-38 中曲线相同的那段结构线比其他结构线粗。

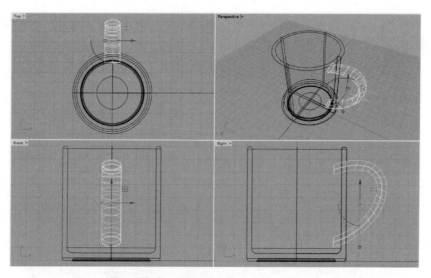

图 4-37

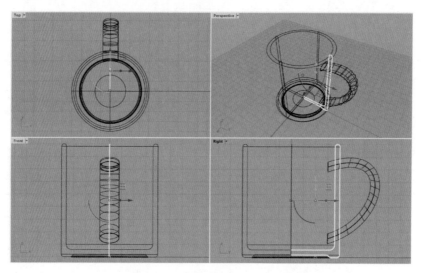

图 4-38

注：Isocurve（结构线）是表示曲面结构的示意线，在曲面表面通常有 U 和 V 两个方向的结构线，结构线的数量是无数条。建模过程中可以通过单击【Curve From Object】（从物件建立曲线）工具列中的【Extract isocurve】（抽离结构线）按钮，选取某单一曲面将其特定位置的结构线提取出来，平时显示的结构线只是为了更直观地显示出曲面的轮廓造型，可以通过选取曲面后单击属性栏中的【Isocurve Density】（结构线密度）窗格中的【Density】（密度）选项的数值，更改所显示的曲面结构线密度，如图 4-39 所示。

Sphere（球体）表面也有这样一段比较粗的结构线（球体可以看成用这条曲线以圆轴为中心旋转 360° 而成的），而 Box（立方体）这类实体的边框结构线也明显比曲面中间的结构线粗。这类比较粗的结构线叫作曲面的 Edge（边缘），可以通过单击【Curve From Object】（从物件建立曲线）工具列中的【Duplicate edge】（复制边缘）按钮，选取曲面的边缘并将其复制出来，生成一段曲线。

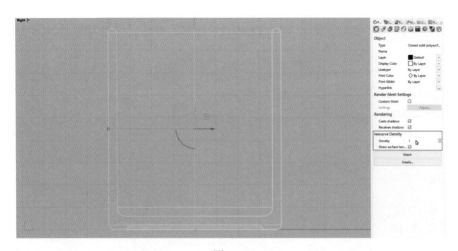

图 4-39

在这里介绍这个知识点的原因在于，目前这个马克杯的手柄与杯身外部曲面的 **Edge**（边缘）存在 **Intersection**（交集），这种交集会使被分割的杯身曲面在修剪过程中断开。在 **4.3** 节和 **4.4** 节中，有读者或许会发现在执行 **Fillet edges**（不等距边缘圆角）命令时选取的边缘有差异，有的选取的是一个椭圆，有的选取的则是半个椭圆。这种差异一般不会有什么问题，只会影响操作效率，在后期对某些复杂曲面进行编辑时可能会带来问题。因此我们在操作时会尽量避开曲面的 **Edge**（边缘）。关于曲面边缘的详细介绍可见 **6.6** 节。

注：在执行 **Fillet edges**（不等距边缘圆角）命令时，通常选取的是需要倒角的所有相交边缘，在很多情况下这些边缘会断开，在执行命令过程中，在命令栏中单击【**ChainEdges**】（连锁边缘）按钮，软件能够自动将断开但具有连续性的边缘同时选取。关于连续性参见 **6.2** 节。

使用 **Gumball**（操作轴）将杯子从视图 **Top**（顶视图）中顺时针旋转 90°，杯身曲面的边缘就被转到了杯子的侧面，如图 4-40 所示。

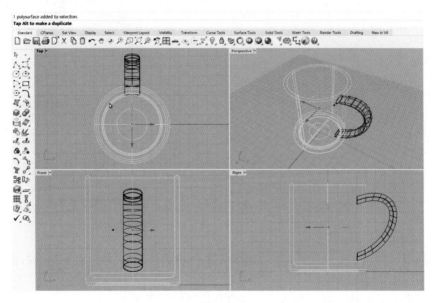

图 4-40

如图 4-41 所示，选取手柄，单击【Split】（分割）按钮，再选取杯身，右击或按回车键结束命令。

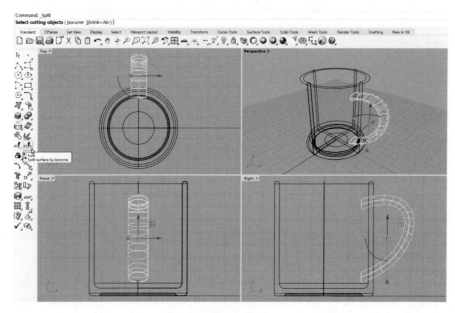

图 4-41

如图 4-42 所示，选取手柄被杯身分割开的曲面，并将其删除。

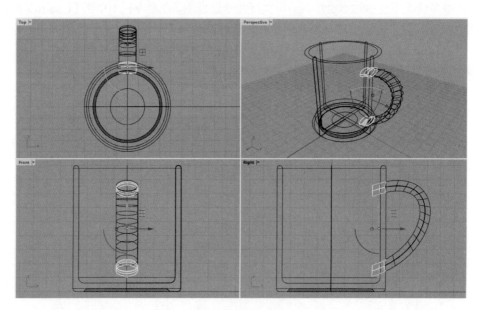

图 4-42

接着选取杯身，单击侧工具栏中的【分割】（Split）按钮，再选取手柄，右击或按回车键结束命令，如图 4-43 所示。

选取杯身上被手柄分割开的曲面，并将其删除，如图 4-44 所示。

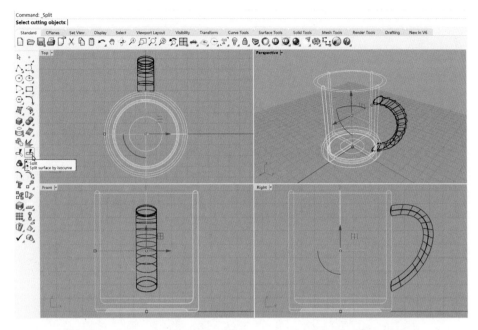

图 4-43

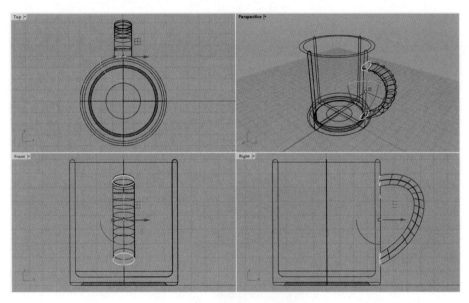

图 4-44

此时这两个曲面交集部分的多余曲面就被全部删除了。被分割后的杯身和手柄的两段边缘正好重合，选取杯身和手柄，并单击【Join】（组合）按钮将其组合在一起，如图 4-45所示。

接下来使用 **Fillet edges**（不等距边缘圆角）命令对曲面边缘进行倒角，这里不再详述。通过 **4.3** 节、**4.4** 节和 **4.5** 节可以知道，使用 Rhinoceros 在虚拟空间中创建模型具有很高的自由度，如同现实世界中做一件事也有很多种方法一样。运用这 3 种不同的方式进一步熟悉虚拟空间中曲面编辑的各种特性，同时回顾之前学习过的知识点，通过不断练习，将这些知识和方法融会贯通，最后无论使用哪种方法来创建模型，只要是高效的方法就是好方法。

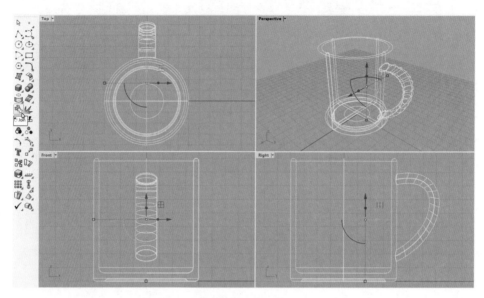

图 4-45

4.6　Rhinoceros 的高级截屏功能

利用 Rhinoceros 的高级截屏功能可以将视图中的图像快速保存成图片。如图 4-46 所示，将马克杯赋予红色的 **Paint** 油漆材质，能够看到 Rhinoceros 6.0 版本的渲染效果。

图 4-46

单击顶部工具栏中的【Display】（显示）选项，然后单击 **Display**（显示）工具列中的【**Capture viewport to file**】（撷取工作视窗至文件）按钮，如图 4-47 所示。

图 4-47

在弹出的对话框中可以调整截屏的【View】（视图）、【Options】（选项）和【Resolution】（分辨率）（默认是当前视窗的分辨率）等选项，启用不同的复选框来比较其区别，如图 4-48 所示。确定后单击【OK】（确定）按钮再选择以特定的格式将截图保存到计算机中，如图 4-49 所示。

注：勾选对话框中【Options】（选项）窗格中的【Transparent Background】（透明背景）复选框，可将视图保存为透明背景的图片，保存时选择"PNG（*.png）"或"TIFF（*.tif,*.tiff）"格式，能够将视图中的模型、阴影与背景分开，在平面软件中进行编辑时便于更改背景图案。

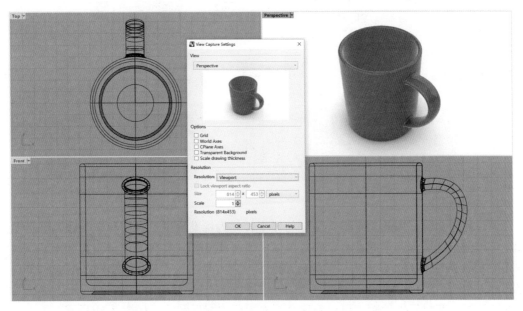

图 4-48

图 4-49

4.7 在 Rhinoceros 中标注尺寸

建完模型后，可以直接在 Rhinoceros 中对模型进行尺寸标注，并输出标注尺寸的工程图纸。如图 4-50 所示，选取马克杯，单击顶部工具栏中的【Dimension】（尺寸标注）工具列中的【Make 2-D drawing】（建立 2D 图面）按钮，在对话框中选择【Third angle projection】（第三角度投影）选项，勾选【Tangent edges】（显示相切边缘）和【Scene silhouette】（场景轮廓）复选框，单击【OK】（确定）按钮等待命令执行完毕。

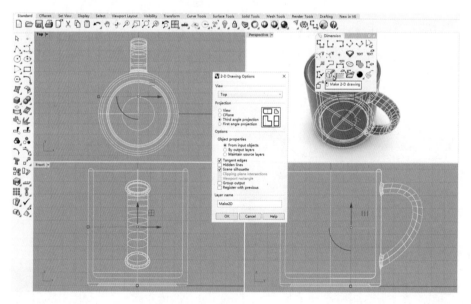

图 4-50

通过这个命令，Rhinoceros 会自动将模型转化为标准平面三视图和一个透视图的平面图，可以通过选取这些平面曲线，在菜单栏中单击【File】（文件）选项，在下拉菜单中单击【Export Selected】（导出选取的物件）选项，将其导出为"AutoCAD Drawing(*.dwg)"格式的 CAD 标准格式的图纸。因为杯口部分的曲面是一个单一的完整曲面，所以透视图的平面图边缘没有显示出轮廓，可以将这个不太规范的图形删除，如图 4-51 所示。

选取马克杯模型，单击顶部工具栏的【Hide objects】（隐藏物件）按钮将其隐藏起来，

在视图 **Top**（顶视图）菜单中将显示模式改为 **Pen**（钢笔模式），接着使用【**Dimension**】（尺寸标注）工具列中的"尺寸标注"命令对三视图进行尺寸标注，如图 4-52 所示。

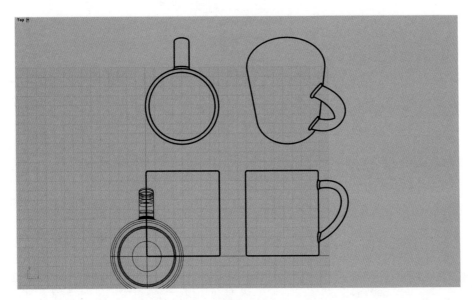

图 4-51

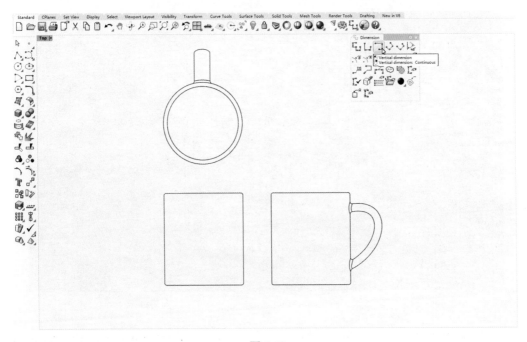

图 4-52

　　如果发现默认生成的尺寸标注的字体比较小，那么可以在属性栏中将标注字体变大，让它们看上去更明显，如图 4-53 所示。

　　接着使用在 **4.6** 节中的方法将这个视图导出为带透明背景的"**PNG**（*.png）"格式的图片，然后就可以在平面设计类软件中进行自由编辑了，如图 4-54 所示。

22222222222222222

图 4-53

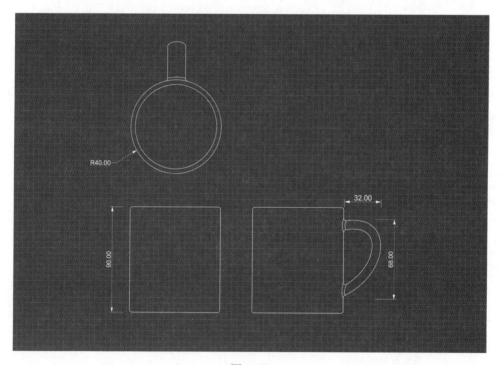

图 4-54

另外，还可以将这些线图通过前述操作导出为"**Adobe Illustrator(*.ai)**"或"**AutoCAD Drawing(*.dwg)**"格式的文件，导入其他矢量绘图软件中对这些线图的轮廓宽度、颜色等属性进行修改，在制作、展示设计的版面时，灵活运用这些线图来辅助效果图进行产品尺寸展示、制作安装说明等。图 4-55 是编者通过这种方法制作的一页 DIY 的 3D 打印机罩壳的安装说明书。

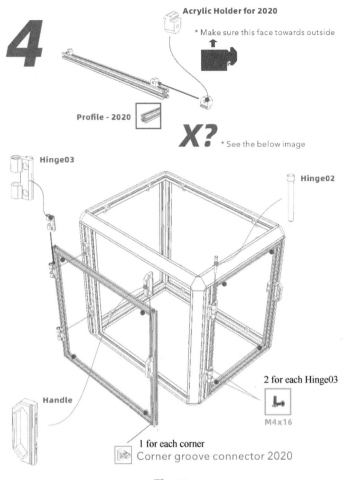

图 4-55

4.8 小结

初学者在建模时往往很不习惯被"尺度"束缚，但若在建模过程中完全抛开"尺度"的概念，后期在进行实际制造时会产生很多问题。其实，这种"要或不要"的矛盾本身就是设计思维的一种体现。在设计项目的创意阶段，设计师希望思维尽量不受束缚，这时思维方式往往以感性思维为主导；但在设计项目的执行阶段，行为需要明确的逻辑，这时思维方式又必须以理性思维为主导。在整个过程中，设计师的左右脑不断地切换，逐渐达到和谐。换句话说，能够自如切换思维方式是一名优秀设计师必备的素质。因此，在建模过程中，大家也要学会把握尺度"介入"的时机，锻炼自己适时切换思维方式的能力。

第 5 章
用平面创建纸模型
"强化空间感"

在初步建立了三维虚拟空间的基本概念后，接着我们通过一个纸模型的建模练习来进一步强化空间想象力。通过对本章的学习，大家不仅能学会此类模型的建模方式，还能尝试把模型打印出来后，并将其制作成实物，感受应用 Rhinoceros 从设计到制作的一个基本流程，促使大家思考计算机辅助工业设计的意义。

如图 5-1 所示，这是一只全部由平面构成（为便于制作纸模型）的兔子。在视图 **Perspective（透视图）**中使用的是 **Rendered（渲染模式）**显示模式，另外三个视图用的是 **Pen（钢笔模式）**显示模式。

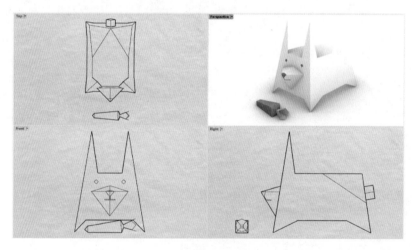

图 5-1

5.1 兔子的身体

第一步，先来创建这只兔子的身体。启用 **Grid Snap（锁定格点）**，在视图 **Right（右视图）**中单击 **Polyline（多重直线）**按钮绘制一条闭合线段，如图 5-2 所示。

如图 5-3 所示，默认由 Rhinoceros 绘制的平面都是坐标轴的基准平面，因此这条线段其实是绘制在 YZ 坐标平面上的。

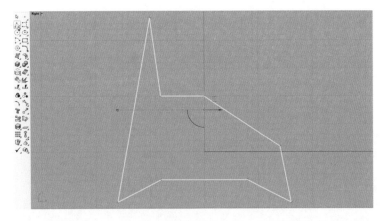

图 5-2

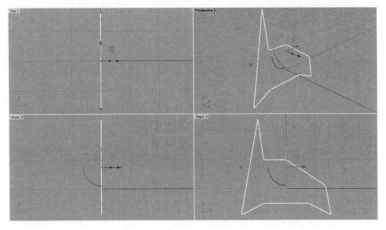

图 5-3

仍然在 **Right**（右视图）中单击【**Surface Creation**】（建立曲面）工具列中的【**Rectangular plane: Corner to corner**】（矩形平面：角对角）按钮，绘制一个比该线框略大的平面，如图 5-4 所示。

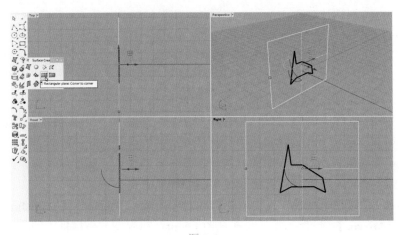

图 5-4

在 **Front**（前视图）中使用 **Gumball**（操作轴）命令对平面进行旋转，使其略微向左侧倾斜，如图 5-5 所示。

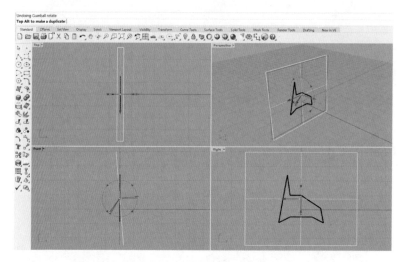

图 5-5

使用 **Trim**（修剪）命令，选取之前绘制的闭合线框，在 **Right**（右视图）中通过垂直屏幕的方向将线框外部的平面修剪掉，如图 5-6 所示。

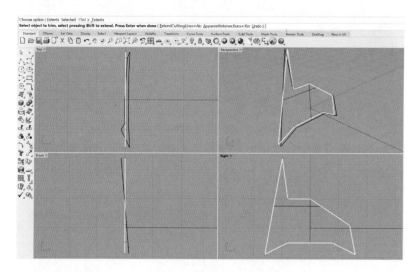

图 5-6

如图 5-7 所示，选取之前绘制的闭合线框，单击顶部工具栏的【**Hide objects**】（隐藏物件）按钮将其隐藏起来，这样视图中只留下一个被修剪过的倾斜平面，如图 5-8 所示。

注：在后期修改模型时，有时需要对原始线条重新调用，因此将其隐藏或将其转入其他图层隐藏或将其锁定，都是保存原始线条的很好的方式。

在 **Front**（前视图）中将平面向右侧移动若干距离，然后单击【**Transform**】（变动）工具列中的【**Mirror**】（镜像）按钮，在视图 **Front**（前视图）坐标轴中间单击两次，生成一个镜像的平面，如图 5-9 和图 5-10 所示。

　　注：在这几个环节中 **Grid Snap**（**锁定格点**）功能始终处于启用模式，这有利于对物体进行准确定位。

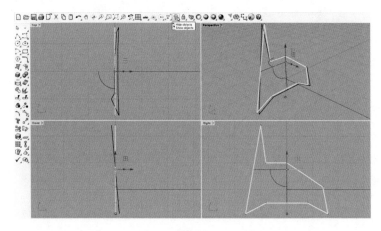

图 5-7

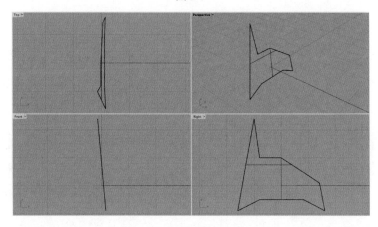

图 5-8

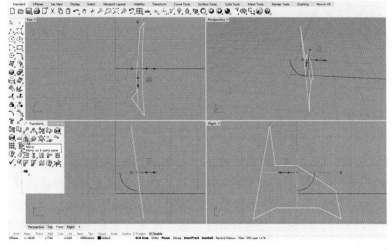

图 5-9

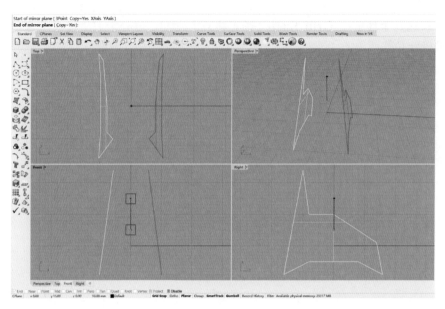

图 5-10

接着单击【Surface Creation】（建立曲面）工具列中的【Loft】（放样）按钮，分别单击两个平面的前部边缘，在弹出的对话框的【Style】（造型）窗格中选择【Straight sections】（平直区段）选项，单击【OK】（确定）按钮，在两条线段之间生成一个平面，如图 5-11 和图 5-12 所示。

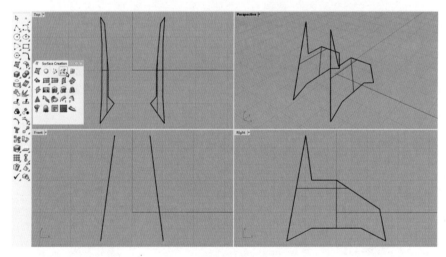

图 5-11

注：Loft（放样）命令是一种通过线条创建曲面的基本工具。在上面的步骤中，选择【Straight sections】（平直区段）选项的原因是让放样生成的面为平面，选择其他选项生成的面看上去是平面，其实是带有内部控制点的曲面。在后续操作时，若要调整平面的造型，可能会出现问题。另外，在执行上述步骤时，还有可能出现与图 5-11 不一样的结果，原因是在执行 Loft（放样）操作命令时，单击曲面边缘的位置会对结果产生影响。如在上面的步骤中，第一次单击某个曲面边缘的上端，第二次单击另一个曲面边缘的下端，就会得到

与图 5-11 中完全不同的结果。因此如要获得理想的结果，两次单击时的位置都应靠近两个曲面边缘同一侧的端点。另外，还可以通过在界面右边属性栏的【Help】（说明）选项卡中搜索"Loft"（放样）来详细了解该命令的使用方法（也可以输入其他命令了解详情），如图 5-13 所示。

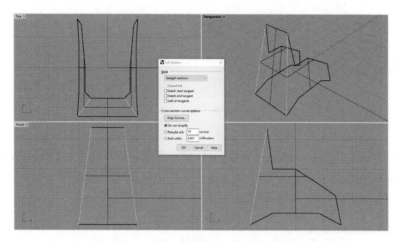

图 5-12

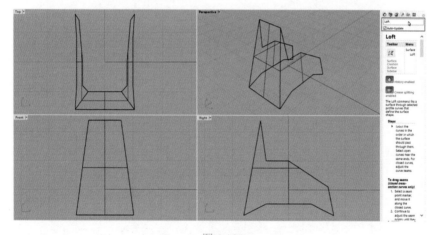

图 5-13

　　单击辅助工具栏中的【Osnap】（物件锁点）按钮，并勾选【End】（端点）复选框，启用端点物件锁点功能；单击辅助工具栏中的【Planar】（平面模式）按钮，启用平面模式功能。单击【Polyline】（多重直线）按钮，在视图 Top（顶视图）中绘制两段直线，绘制直线的单击顺序如图 5-14 所示。两段直线的交点的投影位置位于视图 Top（顶视图）的 Y 坐标轴上。

　　注：启用 Planar（平面模式）功能可以将光标连续选取的位置限制为与上一个位置相同的构建平面上，可以通过开启和关闭该功能来比较操作时的差别。

　　注：由于在绘制直线时启用 Planar（平面模式），因此在单击第二个点时若无特殊 Osnap（物件锁点）位置，其位置与第一个点是在同一个 XY 轴平面上。在这个步骤中要确保尾部的顶部与背部处于相同的平面，因此在绘制直线时要按照如图 5-14 所示的顺序单击。也可以尝试使用不同的顺序进行单击，比较其差别。

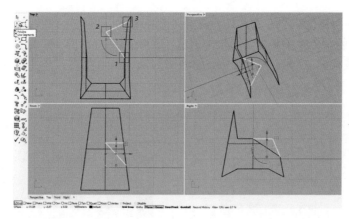

图 5-14

如图 5-15 所示，单击【Surface Creation】（建立曲面）工具列中的【Surface from planar curves】（以平面曲线建立曲面）按钮，通过逐个选取刚刚绘制的线段与初始创建平面的斜边来创建出一个平面，如图 5-16 所示。

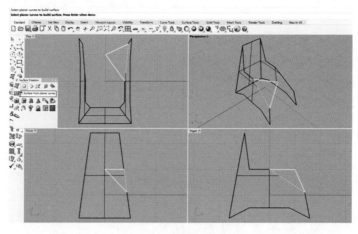

图 5-15

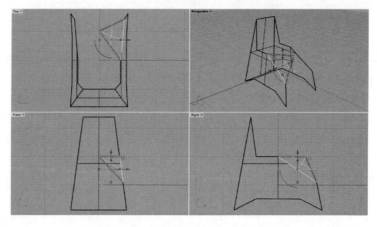

图 5-16

使用 **Mirror**（**镜像**）命令在视图 **Front**（**前视图**）中将三角形平面镜像到左边，然后如前述操作使用 **Loft**（**放样**）命令，利用两个三角形的边界生成一个平面，如图 5-17 所示。

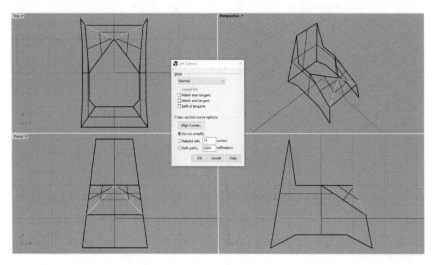

图 5-17

继续如前所述操作使用 **Loft**（**放样**）命令生成兔子身体的所有部分的平面，使其看起来像是一个由平面组合而成的实体。在视图 **perspective**（**透视图**）中的下拉菜单中单击【**Ghosted**】（**半透明模式**）选项，启用 **Ghosted**（**半透明模式**）显示模式，如图 5-18 所示。

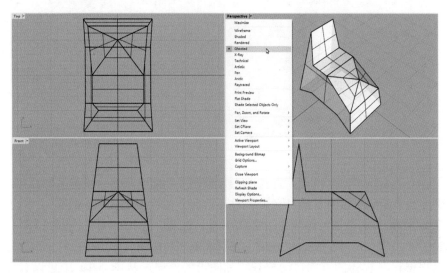

图 5-18

如图 5-19 所示，在启用 **Grid Snap**（**锁定格点**）和 **Osnap**（**物件锁点**）功能，并且在勾选【**End**】（**端点**）和【**Project**】（**投影**）复选框的状态下，单击辅助工具栏的【**SmartTrack**】（**智慧轨迹**）按钮启用 **SmartTrack**（**智慧轨迹**）功能。利用 **Polyline**（**多重直线**）命令绘制一条线段，线段第二个点和终点的高度与视图 **Right**（**右视图**）中的兔子肚皮的高度一致，线段终点投影位置位于视图 **Front**（**前视图**）中的 Z 坐标平面上，如图 5-20 所示。

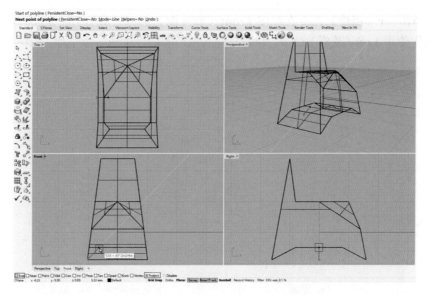

图 5-19

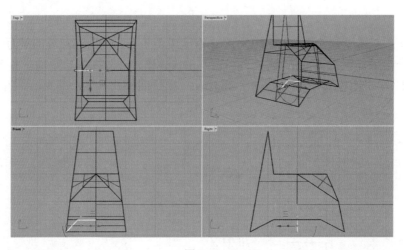

图 5-20

　　注：启用 **Osnap**（物件锁点）的 **Project**（投影）功能表示所有捕捉的位置都将投影于该视图坐标轴平面上，如图 5-20 中绘制的这段线段，在视图 **Top**（顶视图）中位于 X 轴平面，在视图 **Right**（右视图）中则位于 Z 轴平面。若未启用 **Project**（投影）选项，绘制出的线段如图 5-21 所示。而 **SmartTrack**（智慧轨迹）功能则有助于按照特定的角度绘制图形，或者根据已有物体的方向自动规划绘制图形的方向，从图 5-19 中可以看出，启用 **SmartTrack**（智慧轨迹）功能后自动规划出 45°角的方向。

　　其实，在当前步骤中是否启用 **Osnap**（物件锁点）的 **Project**（投影）功能对后续的操作并没有任何影响，只是为了让大家了解这个选项的功能。

　　接着在视图 **Front**（前视图）中使用 **Mirror**（镜像）命令将该线段镜像到右边，使用 **Join**（组合）命令将两条线段组合在一起。然后在视图 **Front**（前视图）中使用 **Trim**（修剪）命令"隔空切物"，修剪掉线段底部的平面，将兔子的腿部轮廓修剪出来。在修剪时会出现如图 5-22 所示的情况，当单击线段下部的曲面时会弹出一个对话框，说明在这个垂直屏幕的投影方向上有两个曲面是重合的，需操作者判断选取哪个曲面来进行操作。在这个步骤中，两个曲面都需要修剪，因此先选哪个都没关系。选完一个后接着继续单击同一个位置，修剪另一个曲面。

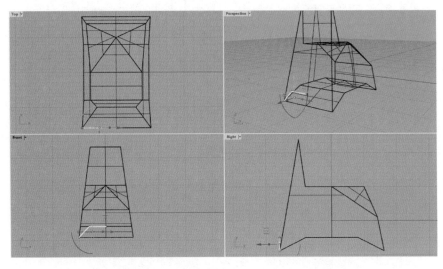

图 5-21

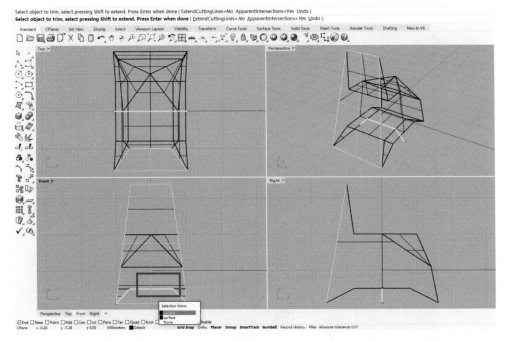

图 5-22

修剪完的结果如图 5-23 所示，黄色呈选取状态的这几个平面都没有用，将其全部删除。

接着按前述操作使用 **Loft**（**放样**）命令生成具有 4 条腿的三角面，如图 5-24 和图 5-25所示。

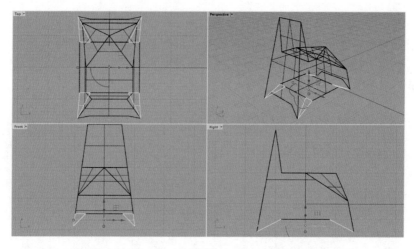

图 5-23

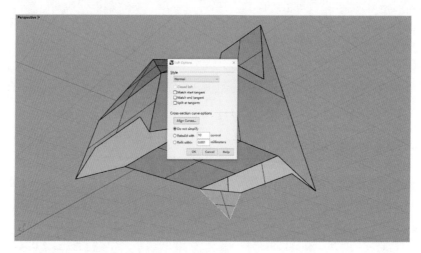

图 5-24

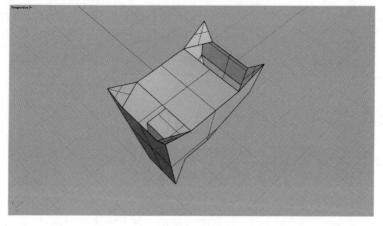

图 5-25

接着用同样的操作方法生成耳朵部分的曲面,如图 5-26 所示。

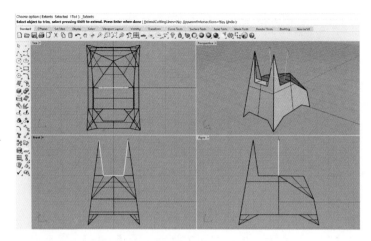

图 5-26

删除图 5-27 中两个黄色平面。

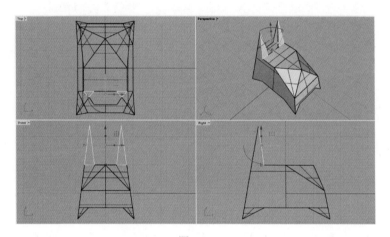

图 5-27

使用 **Loft（放样）**命令生成耳朵部分的三角面，如图 5-28 和图 5-29 所示。

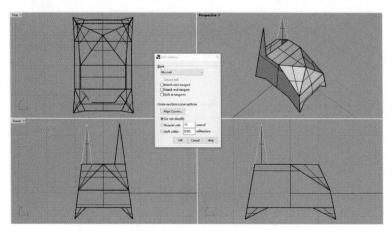

图 5-28

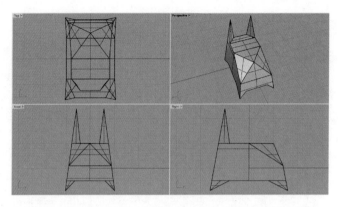

图 5-29

接着选取视图中所有的平面，单击左侧工具列上的【Join】（组合）按钮，将其组合在一起，如图 5-30 所示。

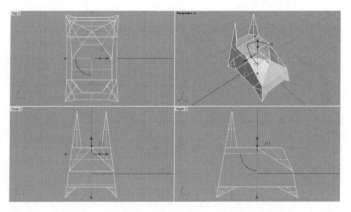

图 5-30

由于兔子身体表面的开口边缘都是平面，因此可以在选取兔子的身体后单击【Solid Tools】（实体工具）工具列中的【Cap planar holes】（将平面洞加盖）按钮，如图 5-31 所示，将这些开口生成平面组合在一起，形成一个完整封闭的表面，结果如图 5-32 所示。

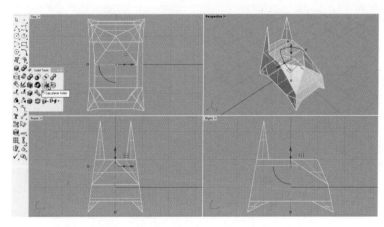

图 5-31

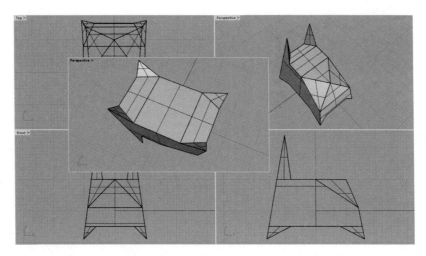

图 5-32

　　兔子身体完成后，背部和腹部的平面多了一些，本来可以用一个平面，为什么在这里要用三个面来组合呢？先单击【**Solid Tools**】（**实体工具**）工具列中的【**Extract surface**】（**抽离曲面**）按钮，然后逐个单击兔子背部和腹部的 6 个平面，或在前视图或右视图中分别通过框选直接选取这 6 个面，**右击**或**按回车键**结束命令，最后将这 6 个面删除，如图 5-33 所示。

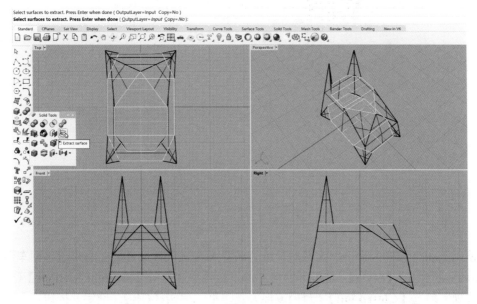

图 5-33

　　按前述操作再执行一次 **Cap planar holes**（**将平面洞加盖**）命令，这时上下两部分分别自动生成一个平面，与主体组合起来，如图 5-34 所示。

　　注：以上步骤是为了让大家了解这个操作的目的，即将平面最简化，通常可以通过选取主体，**右击**【**Solid Tools**】（**实体工具**）工具列中【**Merge all coplanar faces**】（**合并全部共平面的面**）按钮来快速实现上述效果。

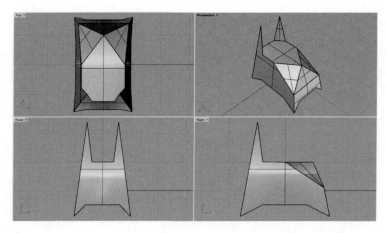

图 5-34

5.2　兔子的脸

　　接着继续绘制兔子的脸。如图 5-35 所示，在空间中绘制 4 条直线，4 条直线的一端交于一点，另一端"进入"兔子的身体。

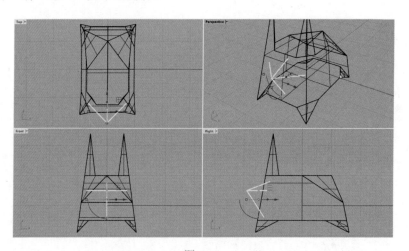

图 5-35

　　使用 **Loft**（放样）命令，按顺时针或逆时针顺序选取 4 条直线后右击或按回车键，在弹出的对话框中的【**Style**】（造型）窗格中的下拉菜单中选择【**Straight Sections**】（平直区段）选项，勾选【**Closed loft**】（封闭放样）复选框，单击【**OK**】（确定）按钮，可以看到4 条直线之间生成了 4 个三角形平面，如图 5-36 所示。

　　将视图 **Perspective**（透视图）的显示模式切换为 **Rendered**（渲染模式），通过 **Gumball**（操作轴）移动或缩放兔子大小，调整脸部造型，如图 5-37 所示。

　　如果觉得脸部不够俏皮可爱，可以选取脸部，单击【**Solid Tools**】（实体工具）工具列中的【**Turn on solid control points**】（打开实体物件的控制点）按钮，启用脸部曲面的控制点，然后通过拖动这些控制点对曲面的造型进行调整，如图 5-38 所示。

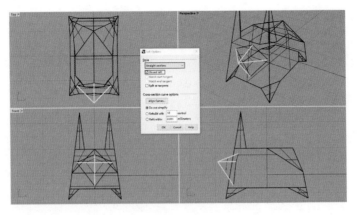

图 5-36

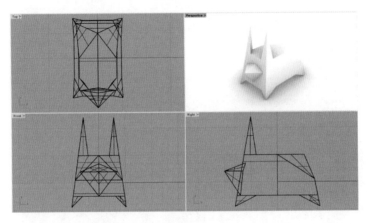

图 5-37

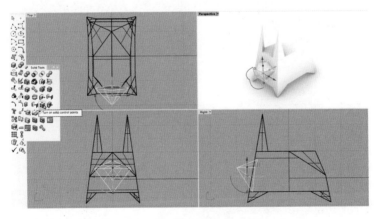

图 5-38

待调整到一个满意的造型后，单击左侧工具栏顶部的【Cancel】（取消）按钮，关闭控制点，如图 5-39 所示。

注：利用 **Turn on solid control points**（打开实体物件的控制点）命令可以对实体造型快速修改，类似的功能还有 **Move face**（移动面）和 **Move Edge**（移动边缘）等，但这些命令并不能适用于所有曲面。具体该如何使用这些命令，需要读者在实践中自行摸索。

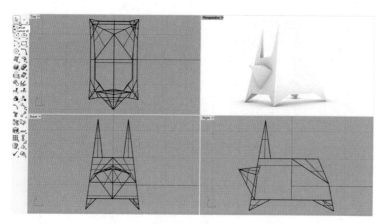

图 5-39

如图 5-40 所示，在视图 **Right**（**右视图**）中选取兔子身体，用 **Trim**（**修剪**）命令将脸部多出来的部分修剪掉，结果如图 5-41 所示。

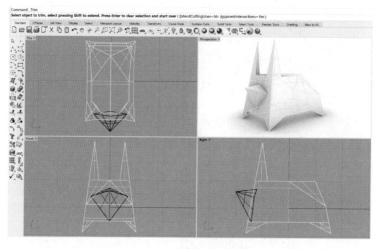

图 5-40

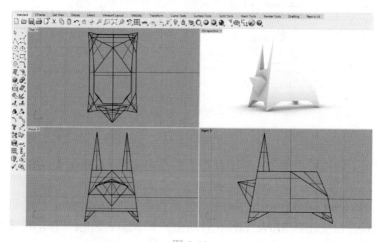

图 5-41

5.3 兔子的细节

接下来继续创建一系列细节，使这只兔子变得更加生动有趣。首先创建兔子最具特点的器官——三瓣嘴。

单击【Curve Tools】（曲线工具）工具列中的【Offset curve】（偏移曲线）按钮，如图 5-42 所示。在视图 Right（右视图）中将兔子的脸底部的直线向上偏移一定的距离（具体多少距离根据自己模型的尺度估计，图中的距离是 0.3mm，可以从命令栏中显示的参数看出来），在视图中底部直线上方单击结束命令，如图 5-43 所示。

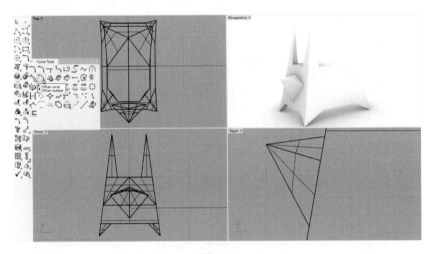

图 5-42

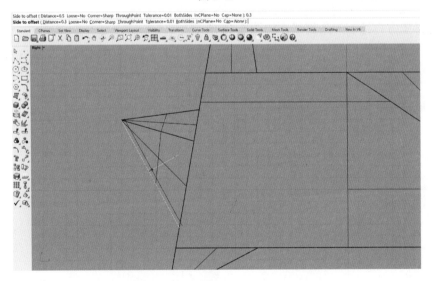

图 5-43

如图 5-44 所示，绘制一条横向直线，然后使用 Copy（复制）命令向下复制一份，同样在右边复制一份刚才偏移出的斜线，结果如图 5-45 所示。

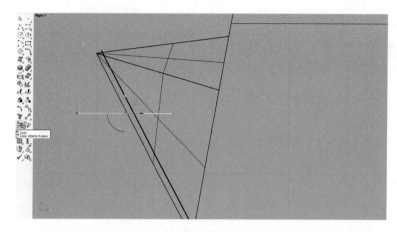

图 5-44

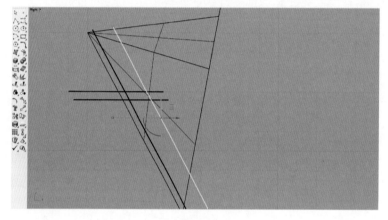

图 5-45

在脸部上方再绘制一条直线，如图 5-46 所示。

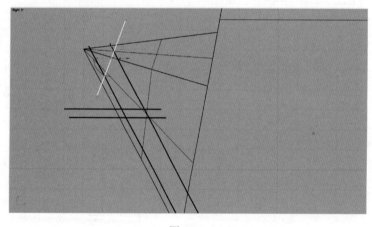

图 5-46

选取这些直线，使用 **Trim（修剪）**命令将其修剪成如图 5-47 所示的形状，然后使用 **Join（组合）**命令将它们组合在一起。

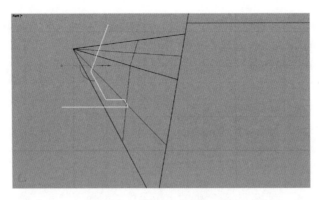

图 5-47

选取脸部曲面，单击左侧工具栏【Split】（分割）按钮，选取刚才生成的这条折线，右击或按回车键结束命令，将脸部曲面分割成两部分，如图 5-48 所示。

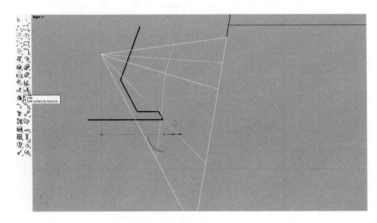

图 5-48

利用在 **1.7 节**中学过的方法将三瓣嘴改为粉色，如果觉得三瓣嘴的形状不太理想，则可以使用 **Undo**（复原）命令撤销之前的操作，调整线条的位置重新绘制，直到满意为止，如图 5-49 所示。

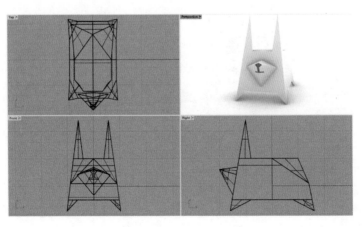

图 5-49

回到视图 **Front**（前视图），继续绘制兔子的眼睛。单击【Rectangle】（矩形）工具列中【**Rectangle: Corner to corner**】（矩形：角对角）按钮绘制一个方形线框，如图 5-50 所示的。使用 **Gumball**（操作轴）将其旋转 45°，如图 5-51 所示。

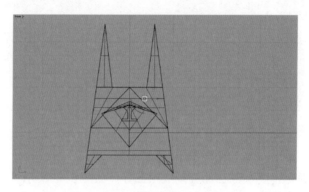

图 5-50

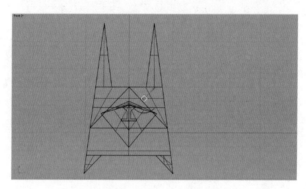

图 5-51

使用 **Mirror**（镜像）命令镜像一只眼睛到左边，使用 **Extract surface**（抽离曲面）命令单击兔子身体前面的平面，然后**右击**或按**回车键**结束命令，将该平面单独抽离出来，如图 5-52 所示。

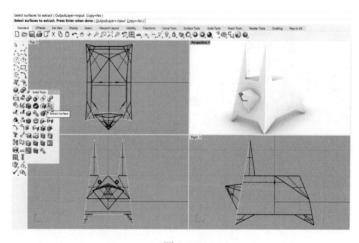

图 5-52

选取被抽离出来的平面，在视图 **Front**（前视图）中使用 **Split**（分割）命令，选取两只眼睛的方形线框，**右击或按回车键**结束命令。将分割出来的两个代表眼睛的曲面赋予与三瓣嘴一样的粉色，如图 5-53 所示。

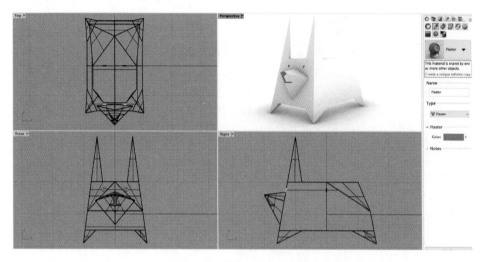

图 5-53

选取被抽离出来的平面，按 **Shift 键**并单击增加选取兔子身体，用 **Join**（组合）命令将它们重新组合在一起，如图 5-54 所示。

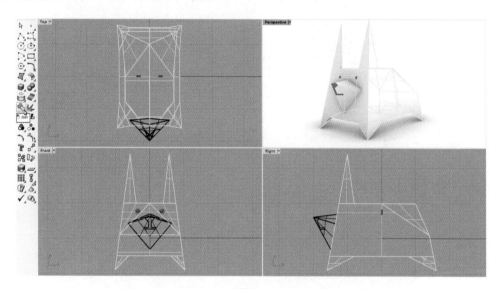

图 5-54

如图 5-55 所示，在兔子身体尾部绘制一个正方体作为它的尾巴，在视图 **Front**（前视图）中使用 **Gumball**（操作轴）将其旋转 45°，如图 5-56 所示。

如图 5-57 所示，勾选【**Osnap**】（物件锁点）工具列中的【**End**】（端点）复选框，选取正方体后单击【**Move**】（移动）按钮，将正方体通过其左上的端点移动到身体尾部顶端的端点，如图 5-58 所示。

107

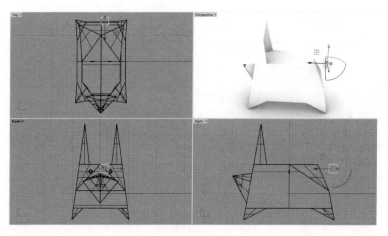

图 5-55

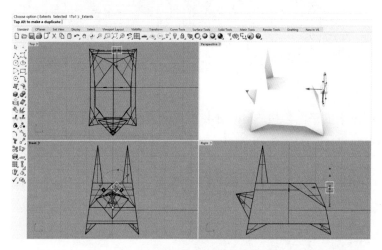

图 5-56

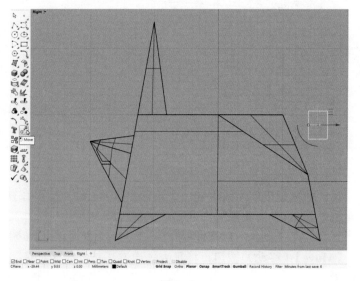

图 5-57

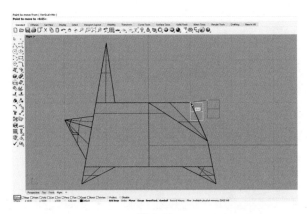

图 5-58

先选取正方体，单击【Rotate】（旋转）按钮，单击尾部顶端端点确定旋转的轴心［在勾选【Osnap】（物件锁点）工具列中的【End】（端点）复选框的状态下，光标会自动移动到端点的位置］，如图 5-59 所示。然后单击正方体左下的端点，确定旋转的起始点。勾选【Osnap】（物件锁点）工具列中的【Int】（交点）复选框，如图 5-60 所示，拖动鼠标将正方体的左侧边缘旋转到与兔子身体尾部相交的位置，如图 5-61 所示。

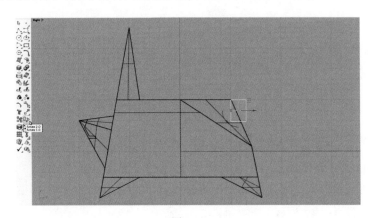

图 5-59

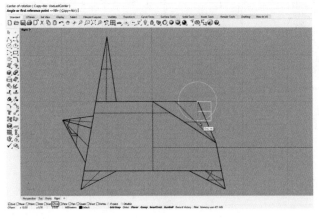

图 5-60

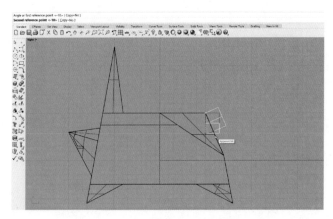

图 5-61

兔子的尾巴就设计好了，如图 5-62 所示。不过兔子尾巴的大小可能会超出尾部的轮廓，接着调整尾巴的位置。

图 5-62

勾选【Osnap】（物件锁点）工具列中的【End】（端点）和【Mid】（中点）复选框，绘制一条从尾部三角形顶端端点到三角形底部终点的直线，如图 5-63 和图 5-64 所示。

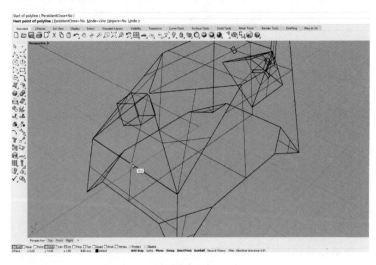

图 5-63

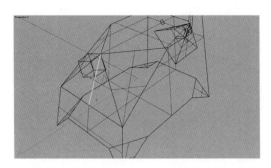

图 5-64

选取正方体尾巴，勾选【Osnap】（物件锁点）工具列中的【Near】（最近点）复选框，单击左侧工具栏中的【Move】（移动）按钮，从尾部顶端端点将尾巴沿着刚刚绘制的直线移动，如图 5-65 所示。可以看到移动的轨迹会被吸附在直线上，保证尾巴的底部始终与尾部的平面贴合在一起。将尾巴拖动到合适的位置后单击结束命令，如图 5-66 所示。

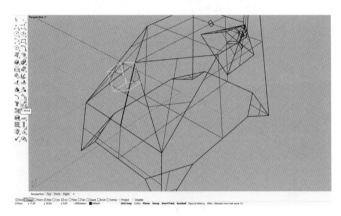

图 5-65

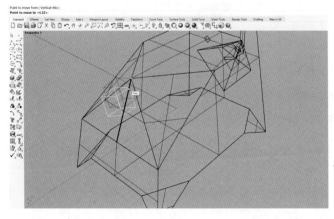

图 5-66

至此，用平面构建的兔子终于完成了。切换视图 Perspective（透视图）的显示模式为 **Rendered**（渲染模式），旋转视图多角度欣赏自己创建的这只兔子，如图 5-67 和图 5-68 所示。自己摸索一下如何利用上述步骤创建一个胡萝卜，如图 5-69 所示。

图 5-67

图 5-68

图 5-69

5.4　把兔子模型变成实物

有了这个平面构建的兔子模型后，就可以想办法把模型展开，再通过折纸的方式将其变成实物。

首先需要将兔子模型的所有平面都展开，以便在纸上打印出来。展开模型的方法很简单，但是过程比较冗长，在这里就不展示了，仅通过一个简单的模型来了解展开模型的关键步骤。

如图 5-70 所示，单击【Solid Creation】（建立实体）工具列中的【Pyramid】（金字塔）按钮创建一个金字塔。注意，在执行命令时默认的边数是"4"，可以通过单击命令栏中的**"Numsides=4"**（边数=4）将其改为"3"。

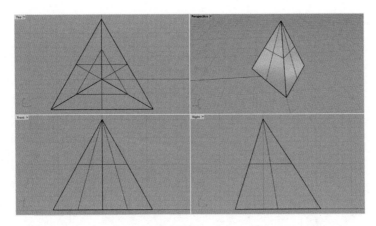

图 5-70

　　选取金字塔，单击【Explode】（炸开）按钮将 4 个三角面 "炸开"，然后选取视图 **Right**（右视图）中与屏幕垂直的平面，单击【**Rotate -2D**】（**2D 旋转**）按钮，如图 5-71 所示。

　　注：金字塔的底部平面已经在 XY 轴平面上，可以利用该平面作为基准，将其他平面都旋转到 XY 轴平面上，在所有步骤都完成时，在视图 **Top**（顶视图）中就能看到全部展开的面。

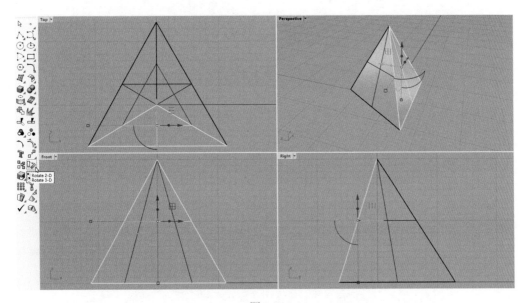

图 5-71

　　勾选【Osnap】（物件锁点）工具列中的【End】（端点）复选框，单击平面底部端点确定旋转轴，再单击通过端点捕捉到平面顶部端点作为旋转的起始点，如图 5-72 所示。

　　如图 5-73 所示，同时按住鼠标**左键**和 **Shift 键**，将这个平面旋转到 XY 坐标轴平面上。

　　由于这个平面是垂直于屏幕的，可以直接用 **Rotate 2-D**（**2D 旋转**）命令将其转平，但是另外两个平面怎么办呢？这时就要用到 **Rotate 3-D**（**3D 旋转**）命令，**Rotate 3-D**（**3D 旋转**）与 **Rotate 2-D**（**2D 旋转**）的按钮是同一个图标，唯一不同的是右击该按钮才能执行 **Rotate 3-D**（**3D 旋转**）命令，如图 5-74 所示。

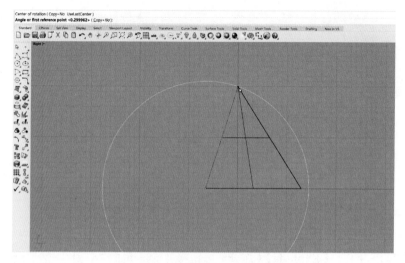

图 5-72

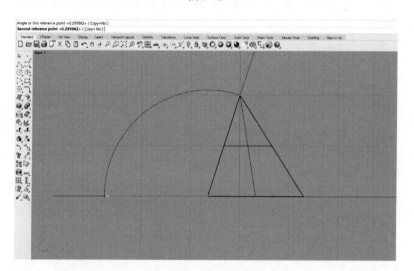

图 5-73

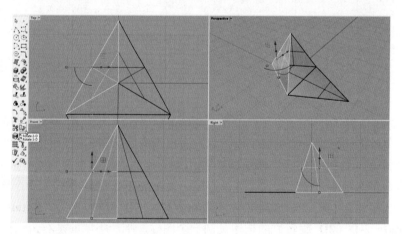

图 5-74

　　勾选【Osnap】（物件锁点）工具列中的【End】（端点）复选框，逐个单击选取三角面下方的两个端点，得到旋转轴，如图 5-75 所示。

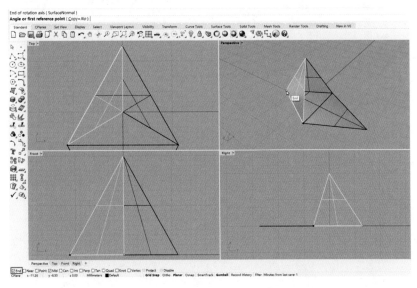

图 5-75

　　如图 5-76 所示，将光标（上一个步骤结束后自动生成的旋转柄）移至三角面顶端端点附近，看到光标会自动吸附到与三角面同一平面且与顶端端点平行的位置上，单击确定以该位置作为旋转的起始点。

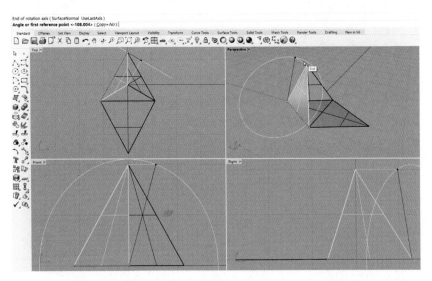

图 5-76

　　如图 5-77 所示，同时按住鼠标左键和 Shift 键，将这个平面旋转到 XY 坐标轴平面上。
　　用同样的方式将另一个平面转到 XY 轴平面上，将这个金字塔的所有面都"摊平"，接着想一想如果这是一个绘制在纸上的图形，那么怎样使它们组合在一起。如图 5-78 所示，在合适的位置用 Polyline（多重直线）命令添加一些能够将两个面粘贴在一起的梯形线框。

115

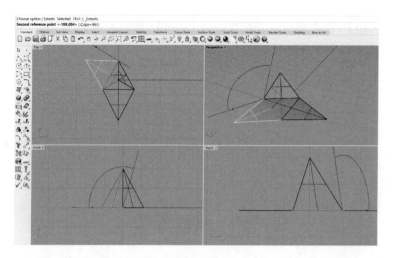

图 5-77

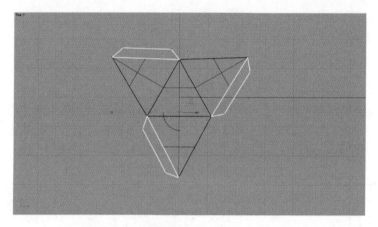

图 5-78

如图 5-79 所示，选取 4 个三角形，单击【Curve From Object】（从物件建立曲线）工具列中的【Duplicate face border】（复制面的边框）按钮，自动生成三角形的边框曲线。

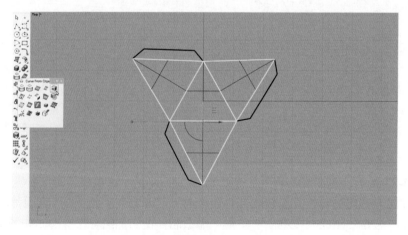

图 5-79

单击顶部工具栏中的【Select】（选取）工具列中的【Select curves】（选取曲线）按钮，能够同时将视图中所有的曲线选取（在模型比较复杂的情况下，用这个命令选取曲线非常方便），如图 5-80 所示。

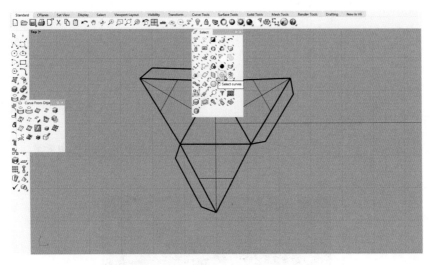

图 5-80

如图 5-81 所示，在菜单栏中单击【File】（文件）按钮，在下拉菜单中选择【Export Selected】（导出选取的物件）选项，在弹出的对话框的保存类型中选择"Adobe Illustrator(*.ai)"格式，命名后将曲线以"*.ai"格式保存在计算机中。使用平面编辑软件对这些矢量图进行编辑，制作出想要的图形并将其打印出来，此时就可以动手制作了。

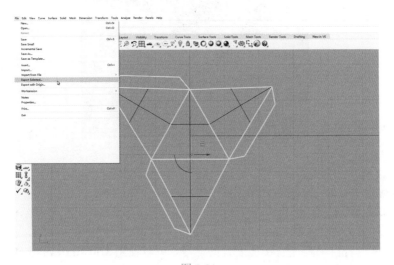

图 5-81

如图 5-82 所示，兔子的展开图比较复杂，不仅要根据面与面之间的关系增加连接面，还要思考除必须分离的部位（如脸部和尾巴）外，如何尽可能地将所有展开的平面连接在一起，这对初学者来说是一件困难的事情，但这种思考过程能够训练大家的空间想象能力。如果一时驾驭不了复杂的模型，建议先从简单的模型开始练习。

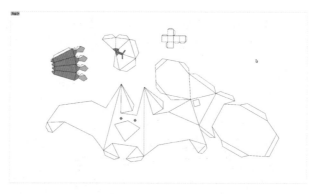

图 5-82

图 5-83 是编者制作的兔子纸模型实物，通过自己的设计亲手制作出实物，还是很有成就感的。

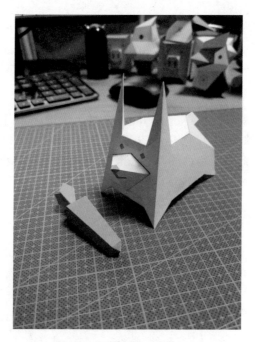

图 5-83

5.5 平面模型的快速展开方法

Rhinoceros 也有自动将所有平面展开的命令。可以使用 **Unroll developable surface（摊平可展开的曲面）**命令，将一个全部由平面组成的模型的所有平面一次性展开。如图 5-84 所示，先将整个模型移动到坐标轴的右边（因为生成的平面会自动放置在坐标轴的中间，若不移开模型，则会与展开的平面重叠），选取胡萝卜的果实部分，单击【**Surface Tools**】（曲面工具）工具列中的【**Unroll developable surface**】（摊平可展开的曲面）按钮。在命令栏中的选项中选择"**Explode=No Labels=Yes Keep Properties=No**"（炸开=否 标注=是 保留属性=否）命令。

注：被展开的物体必须由平面组成，同时这些平面必须 **Join**（组合）在一起，而非 **Group**（群组）在一起。

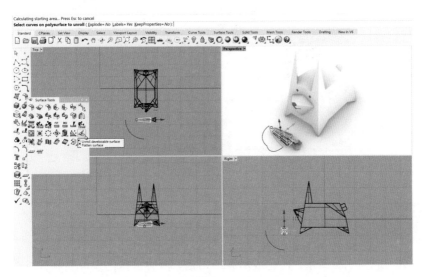

图 5-84

如图 5-85 所示，该命令将胡萝卜的果实部分展开成平面，由于在命令栏中显示 **"Explode=No"**（炸开=否），因此 Rhinoceros 会自动将这些平面排列在一起，而 **"Labels=Yes"** 则会将每个平面的边缘都加上标注，使平面与平面的关系可以一目了然。

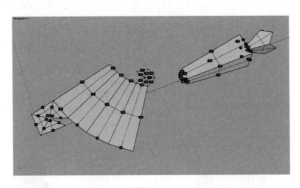

图 5-85

但是若想要将胡萝卜的果实部分与叶子部分一起展开，则必须先用 **Join**（组合）命令将果实与叶子组合在一起，然后再执行 **Unroll developable surface**（摊平可展开的曲面）命令。最终展开后的平面有部分重叠，如图 5-86 所示。在展开兔子的身体时，也会出现类似的问题。

因此，**Unroll developable surface**（摊平可展开的曲面）命令并不是万能的，还是需要大家根据模型的实际情况手动进行调整，越复杂的模型出现问题的可能性越大。不过借助标注的提示，调整这些平面也不会太难，调整的过程也是一种训练空间想象能力的有效方式。将这些平面调整完毕后，单击顶部工具栏中【Select】（选取）工具列中的【Select dots】

（**选取注解点**）按钮，一次性选取这些标注后删除，然后再用 **5.4 节**中介绍的方法添加必要的曲线后再导出，就可以制作实物了。

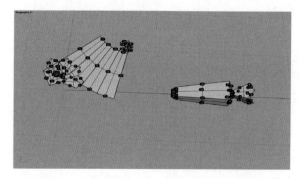

图 5-86

5.6 小结

本章的兔子造型比较简单，在完成所有练习后，再尝试自己设计并制作几个折纸玩偶，进一步增强对三维空间中平面相互关系的理解，图 5-87 中的案例可供参考。在设计折纸玩偶的过程中，一定要注意确保所有的面都是平面。一般来说，三角面肯定是平面，但四边面就不一定是平面了。初学者很容易忽视这个问题，在建模过程中会创建出很多非平面的四边面，后期发现这些面无法摊平必须重建，令人非常烦恼。因此，初学者要学会在建模时利用学过的工具和几何知识来判断一个面是否是平面。当然，对初学者来说，有时候遇到问题重建模型并不是坏事，进步往往就是在不断试错和纠错的过程中产生的。

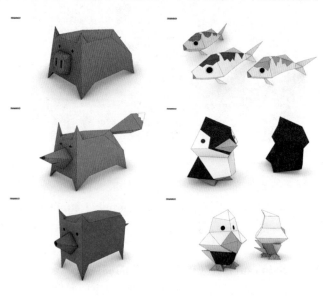

图 5-87

第6章
曲面的秘密
"一些重要概念"

6.1　曲线的连续性

　　Rhinoceros 中相互连接的两条曲线之间的关系称为 **Continuity**（**连续性**），根据两条曲线的曲率可以将连续性划分为不同等级：G0、G1、G2 等，通常级别越高，说明两条曲线之间连接越光滑。在这里我们主要介绍 G0、G1 和 G2 三种连续性。

　　注：连续性 G0、G1、G2 前面的大写字母"G"是"Geometric Continuity"的英文简称，即"几何连续性"。

　　G0 连续也称 **Position**（**位置**），只要两条曲线的某个端点在空间中的坐标位置重合，这两条曲线在这个端点的连续性就是 G0，直观来看，就是这两条曲线在连接处呈现出夹角的造型，如图 6-1 所示，上面这两条曲线的连续性就是 G0 连续。

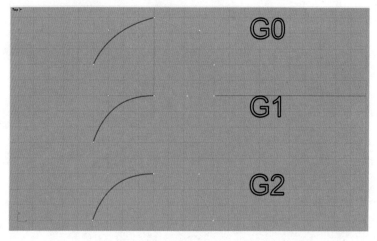

图 6-1

　　G1 连续也称 **Tangency**（**正切**），是两条曲线的连接处在 G0 连续的基础上达到切线方向一致，如图 6-1 所示的中间这两条曲线的连续方式。在使用 **Fillet curves**（**曲线圆角**）命令对两条曲线进行倒角时，创建出的曲线与原来两条曲线之间的连续性就是 G1，如图 6-2 所示。

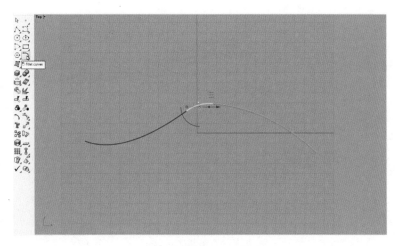

图 6-2

G2 连续也称 **Curvature**（**曲率**），是指两条曲线在连接处的曲率一致，图 6-1 中的下部这两条曲线的连续方式。如图 6-3 所示，单击左侧工具栏的【**Adjustable curve blend**】（**可调式混接曲线**）按钮对两条曲线执行混接命令，在弹出的对话框中选择【**Curvature**】（**曲率**）选项，单击【**OK**】（**确定**）按钮，然后观察与利用切线【**Tangency**】（**正切**）选项生成的混接曲线相比有什么区别。

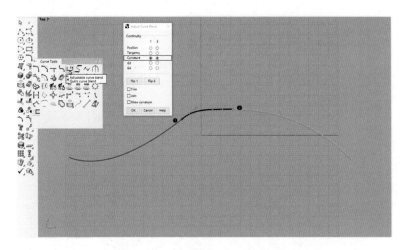

图 6-3

曲线之间的连续性可以通过单击【**Analyze**】（**分析**）工具列中的【**Geometric continuity of 2 curves**】（**两条曲线的几何连续性**）按钮来检测。

6.2　曲面的连续性

6.1 节中介绍了曲线的连续性，在 Rhinoceros 中曲面的连续性原理与曲线的是一样的，如图 6-4 所示，将 **6.1** 节中的三组曲线通过 **Extrude closed planar curve**（**挤出封闭的平面曲线**）命令拉伸成三组曲面。

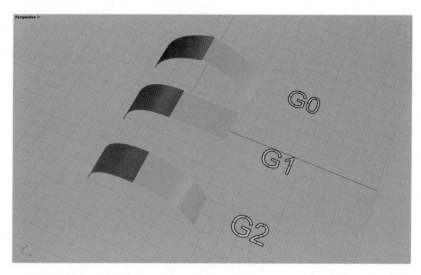

图 6-4

长按左侧工具栏中的【Analyze】（分析）按钮，在跳出的【Analyze】（分析）工具列中长按【Surface Analysis】（曲面分析）按钮，在弹出的【Surface Analysis】（曲面分析）工具列中单击【Zebra analysis】（斑马纹分析）按钮，选取两个边缘相互接触的曲面，右击或按回车键结束命令，可以检查两个曲面间的连续性，如图 6-5 所示。G0 连续的曲面表面斑马纹是错开的；G1 连续的曲面表面斑马纹是相连的，但是在交界处存在比较明显的转折；G2 连续的曲面表面斑马纹实现了光滑连接。

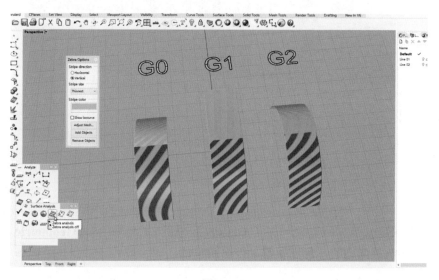

图 6-5

6.3 曲面的方向性之一

在由 Rhinoceros 创建的虚拟三维空间中的曲面都可以看作由无数条曲线构成，这些曲线沿着互相垂直的两个方向进行排列，形成类似网状的结构，这两个方向就是曲面表面的方向，软件中用 U 和 V 表示，如图 6-6 所示。

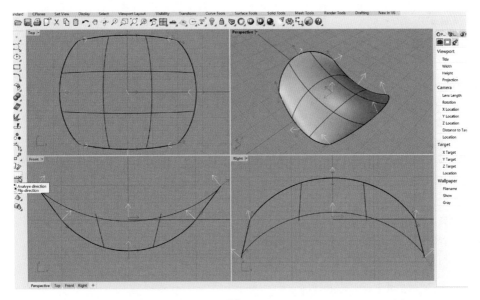

图 6-6

在图 6-6 中可以清晰地看出曲面表面的网状结构线。先选取曲面，再单击左侧工具栏中的【Analyze direction】（分析方向）按钮，曲面表面就会出现一些坐标轴状的箭头。其中，红色的箭头表示该曲面的 U 方向，绿色箭头表示该曲面的 V 方向。在执行命令过程中，可以通过单击命令栏中的【UReverse】（反转 U）或【VReverse】（反转 V）按钮来调整 UV 的方向，或通过单击【SwapUV】（对调 UV）按钮将 UV 方向对调。

曲面的 UV 方向能够体现曲面的走向和品质，在建模过程中，如要使两个曲面的连接达到较高的连续性，那么要使两个曲面的方向尽可能相互平行。

6.4　曲面的方向性之二

通过 **Analyze direction**（分析方向）命令可以看到曲面表面的 U 和 V 的方向指示箭头，除了这些箭头，还有一些白色箭头，可以通过在曲面表面单击一次或在命令栏中单击【Flip】（反转）按钮来反转箭头的方向，这些白色箭头又表示什么含义呢？

这些白色箭头指向表示该曲面的"外部"。在 **2.5 节**中曾介绍过实体的"实心"与"空心"的概念，这些白色箭头能够更好地帮助大家理解这个概念。在视图中创建一个球体和一个立方体，然后选取球体和立方体，单击【Analyze direction】（分析方向）按钮，如图 6-7 所示。在球体表面单击，白色箭头没有任何变化。同样，在立方体表面单击，白色箭头也不会发生任何变化。

接着选取立方体，单击左侧工具栏中的【Exploded】（炸开）按钮，将其炸开为 6 个平面，然后再选取这 6 个平面单击【Analyze direction】（分析方向）按钮，在这些平面表面单击，发现箭头的方向可以反转，如图 6-8 所示，立方体所有表面的白色箭头均已被反转为朝内。

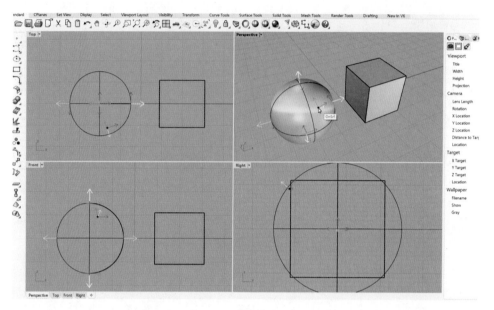

图 6-7

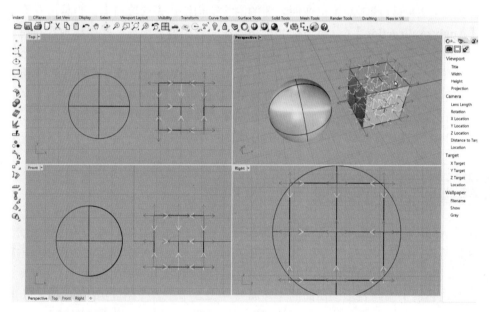

图 6-8

球体是一种特殊的曲面，它由一个单一的曲面构成，故无法将其炸开，因此也无法对其表面的白色箭头进行反转，也就意味着球体的内外关系是固定的，白色箭头指向的方向始终指向球体的外部，箭头反方向则是指向其内部。如果从曲面内外方向这个角度来看待球体，那么可以将其视为一个"实心"的物体；但如果是一个被修剪过的球体，那么这个被修剪过的球体可以被视作"空心"的，那么这个球体表面的内外关系就可以被反转了，如图 6-9 所示。

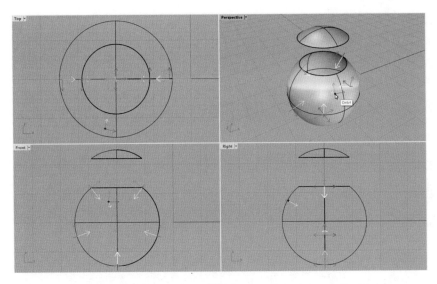

图 6-9

6.5　曲面与曲面的关系

在了解曲面存在"内"与"外"的概念后，Rhinoceros 虚拟空间中的世界似乎突然变得无比宽阔，"空心"的物体也能够进行布尔运算，有时布尔运算会出现相反的情况，这些现象都能够通过曲面的内外方向进行解释。回到立方体上，将其炸开，然后选取其中一个平面，单击【Analyze direction】（分析方向）按钮，可以看到该平面表面的白色箭头与立方体未炸开时一样，都指向了立方体的外部，如图 6-10 所示。

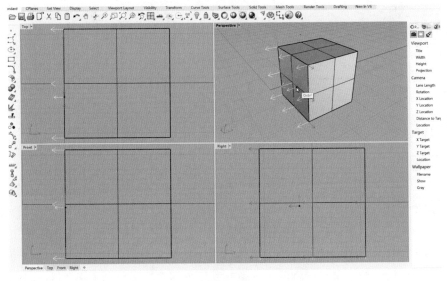

图 6-10

接着在平面中间创建一个比平面小的球体，如图 6-11 所示。

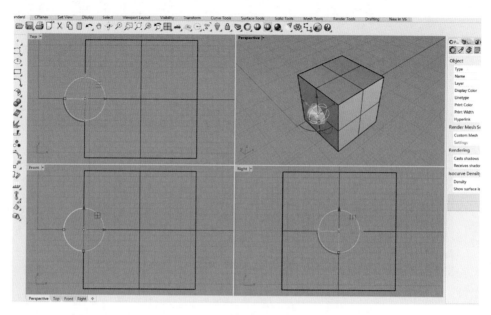

图 6-11

如图 6-12 所示，选择刚才选取的平面，单击【Boolean difference】（布尔运算差集）按钮，然后选取球体**右击**或**按回车键**结束命令。可以看到球体与立方体重叠的部分被剪切掉了，如图 6-13 所示。

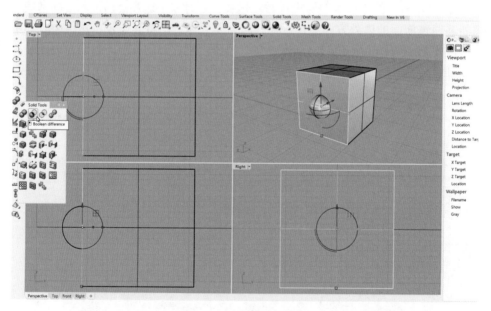

图 6-12

虽然刚才选择的是单一的平面而非立方体这个实体，但在执行了布尔运算后的结果与选择立方体进行操作的结果是一样的，这意味着即使这个立方体所有 6 个面只留 1 个面，仍然是可以执行布尔运算的，试着将立方体其他几个面都删除，再执行布尔运算，如图 6-14 和图 6-15 所示。

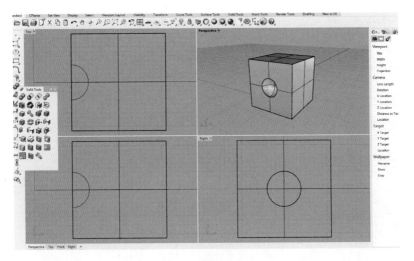

图 6-13

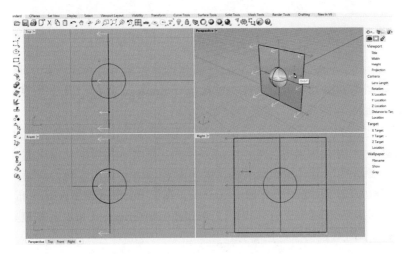

图 6-14

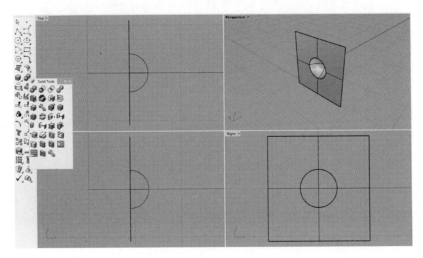

图 6-15

如果将立方体的这个平面的白色箭头方向反转，那么结果如图 6-16 所示。

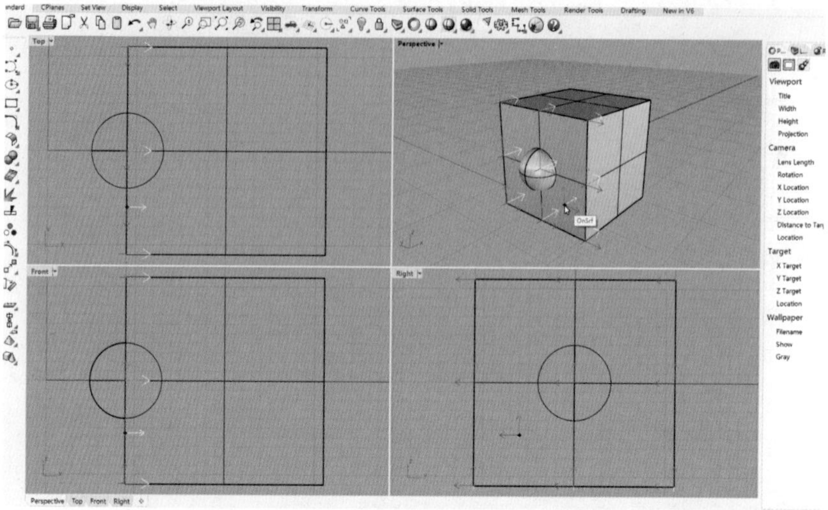

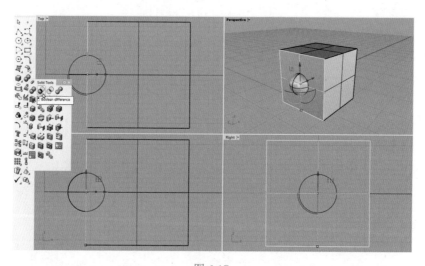

图 6-16

如图 6-17 所示，将 **Boolean difference**（布尔运算差集）命令用在这个平面和球体上，会发现最后的结果与对未炸开的立方体与球体执行 **Boolean union**（布尔运算联集）命令的结果是一致的，如图 6-18 所示。这是为什么呢？

这是因为当平面的内外方向发生反转时，就不能用该平面以前所在立方体的内外关系进行判断了，而应该将其想象成另外一个立方体的一部分。将平面从原先的立方体中拉开一段距离，并将原先的立方体镜像到对面，如图 6-19 所示。这时白色箭头所指的方向显然应该是左边这个立方体的外部，因此在对这个平面执行 **Boolean difference**（布尔运算差集）命令时，可以视为对左边这个立方体执行了 **Boolean difference**（布尔运算差集）命令，故出现如图 6-18 所示的结果当然是正确的。

图 6-17

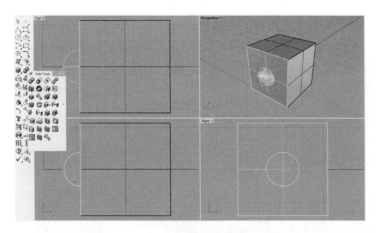

图 6-18

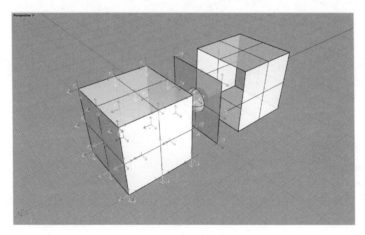

图 6-19

在了解了曲面的这个特性后，就可以抛开"实体"这个概念的束缚，在非闭合实体的曲面上直接执行布尔运算。如图 6-20 所示，三组曲面中下方的 3 个物体就是在分析了上方曲面内外方向后执行 **Boolean difference**（**布尔运算差集**）命令后的效果。

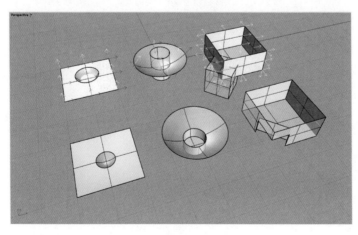

图 6-20

但是在这类开放的曲面上执行布尔运算时有一个前提条件，即两个曲面的交界线必须是闭合的。如图 6-21 所示，选取两个相交的曲面，单击【Curve From Object】（从物件建立曲线）工具列中的【Object intersection】（物件交集）选项，能自动生成两个相交曲面的交界线。如果两个曲面的交界线不是闭合的，那么这两个曲面间就无法执行布尔运算。

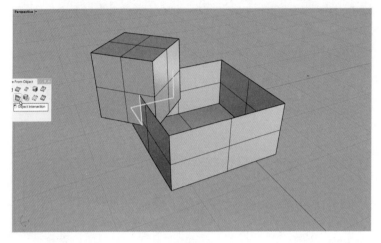

图 6-21

6.6 曲面的边缘

在 **4.5** 节中曾简要介绍曲面的边缘，在本节将深入介绍这个概念。在 Rhinoceros 中，曲面的边缘分为两种类型：**Closed Edges**（闭合边缘）和 **Naked Edges**（外露边缘），闭合边缘是指两个曲面在组合时相互重合的边缘，外露边缘是指单一曲面的边缘或复合曲面的开放边缘，即该边缘所在位置没有其他曲面与其存在组合关系。如图 6-22 所示，球体的边缘和立方体的边缘就是闭合边缘，而平面的边缘就是外露边缘。

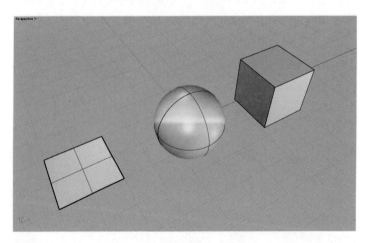

图 6-22

在 Rhinoceros 中，曲面的边缘在视图中看起来比结构线要粗，从图 6-22 中可以比较明显地看出其差别。如果将图 6-22 中的立方体 **Exploded**（炸开）成 6 个单独的平面，这些平面的边缘就变成了外露边缘，如图 6-23 所示。

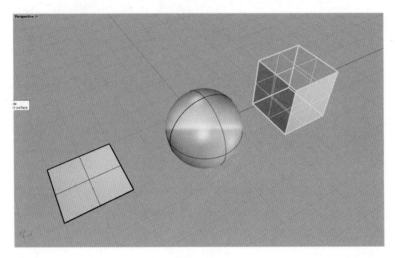

图 6-23

球体和椭球是一种由一个曲面构成的特殊曲面，这种曲面是无法使用 **Exploded**（炸开）命令的，但是球体也有一段边缘，称为 **Closed surface seam**（闭合曲面接缝）（可以视作同一曲面的首尾外露边缘组合在一起），那么球体的闭合曲面接缝又有什么特性呢？如图 6-24 所示，视图中这个球体的闭合曲面接缝在球体的左边，在视图 **Front**（前视图）中用一条直线对球体左边执行 **Split**（分割）命令。

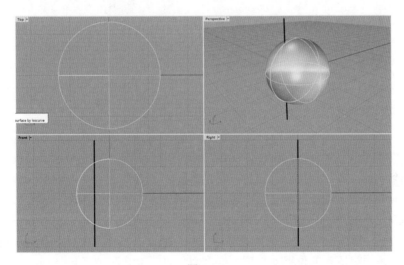

图 6-24

被分割的那部分曲面分裂成了两部分，如图 6-25 所示。在视图 **Front**（前视图）中使用直线对球体执行 **Split**（分割）命令后，直线在前视图中的垂直屏幕投影方向贯穿了整个球体，分裂了左半球体的闭合曲面接缝。

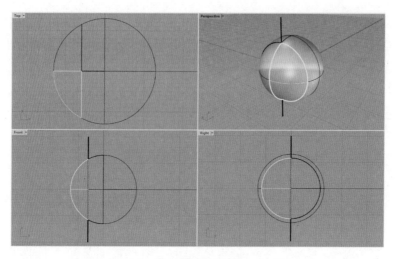

图 6-25

如果将直线放到球体的右半球部分再执行同样的操作，就可以看到球体切开的两个曲面都保留了完整性，如图 6-26 所示。

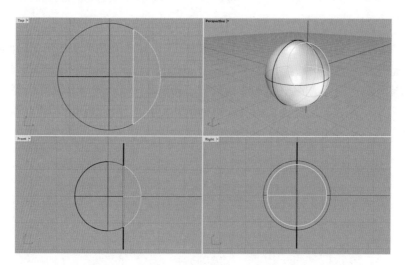

图 6-26

由于初学者不知道 **Closed surface seam**（**闭合曲面接缝**）这个概念，往往会对上述的操作结果感到困惑，不明白为什么执行同样的 **Split**（**分割**）命令，有时被分割的面会变成两个，而有时却只有一个，了解了这个概念后，大家就不再困惑了。

对于球面这类特殊的曲面来说，理论上"闭合曲面接缝"是可以不存在的，但是由于在 Rhinoceros 中，球面都是通过旋转成型定义的，因此在球面上必然存在一段旋转成型的初始边缘，这条边缘所在的位置就是球面的"闭合曲面接缝"。在 Rhinoceros 中，任何球面都无法消除这段接缝，而这段边缘有时会给后续的操作带来一些问题，因此为便于记忆，本书称这段边缘为"原始边缘"，在后续的建模练习中，有时需要在类似球体或椭球的曲面上进行相对复杂的编辑，这时闭合曲面接缝的位置就比较关键了。如需在操作过程中避开球面的这段"原始边缘"，可以使用 **Rotate 2-D**（**2D 旋转**）命令或 **Gumball**（**操作轴**），或单击【Surface Tools】（曲面工具）工具列中的【Adjust closed surface seam】（调整封闭曲面的接缝）按钮，将球面的原始边缘调整到其他位置，如图 6-27 所示。

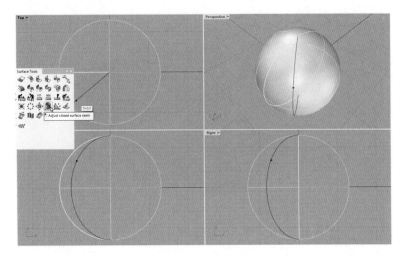

图 6-27

另外，可以先选取物体，单击【Analyze】（分析）工具列中的【Show edges】（显示边缘）按钮高亮显示物体的曲面边缘，如图 6-28 所示。在弹出的对话框中选择【All edges】（全部边缘）选项可以看到物体的所有边缘，选择【Naked edges】（外露边缘）选项可以高亮显示物体的外露边缘。在 Rhinoceros 中，通常一段闭合边缘最多只能由两个曲面的边缘组合而成，在很少见的情况下，可能会出现由两个以上的曲面边缘组合而成的闭合边缘，在弹出的对话框中的【Non-manifold edges】（非流形边缘）选项指的就是这种情况。非流形边缘是非正常结果，在建模时一般很少出现。

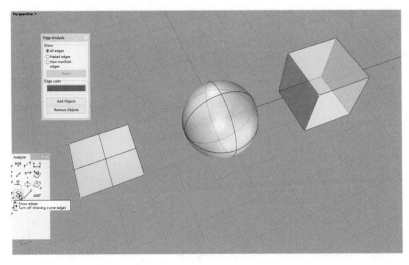

图 6-28

在建模过程中，要养成一个习惯，将本该组合在一起的曲面都组合在一起，尽量减少外露边缘的存在。如图 6-29 所示，编者制作的这双沙滩鞋模型，使用 **Show edges【显示边**

缘】命令选择鞋身，从命令栏中显示的数据可以看出鞋身没有外露边缘，也没有非流形边缘，说明这个模型的品质是非常好的。

图 6-29

6.7 连续曲面建模实例

接下来，通过一个实例来学习 Rhinoceros 中连续曲面的基本构建方法。这是一架以民航客机为原型的 Q 版飞机，首先来创建飞机的机身。启用 **Grid Snap**（**锁定格点**）功能，在视图 **Right**（右视图）中使用 **Control Point Curve**（控制点曲线）命令绘制一条如图 6-30 中的曲线。这个步骤中比较关键的部分是首尾控制点的位置，因为后面步骤需要用数条曲线创建飞机的机身，如果要确保形成的机身曲面具备连续性，那么曲线间首先要具备连续性。这里的曲线会跟下面的曲线形成一个连续的关系，因此在绘制起始和结束的两个控制点时，保证它们各自形成的连线处于与水平坐标轴 X 轴垂直的位置，如图 6-30 所示。

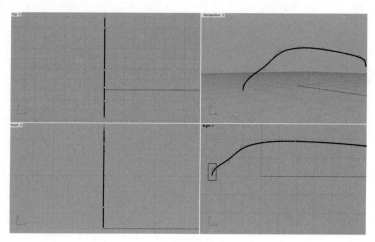

图 6-30

接着继续使用 **Control Point Curve**（**控制点曲线**）命令绘制机身底部的曲线。与上面这条曲线一样，起始和结束的两个控制点形成的连线也必须与水平坐标轴垂直，这样上下曲线起始与结束的 3 个控制点（未组合前共有 4 个控制点，中间两个控制点的位置重合可视为一个控制点）形成了一条直线，这样就可以确保这两条曲线之间达到 G1 的连续性，如图 6-31 所示。

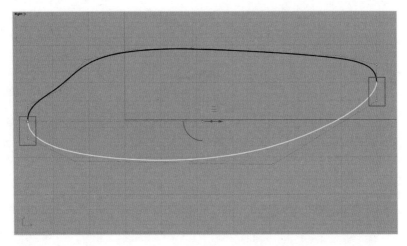

图 6-31

回到视图 **Top**（顶视图），绘制一条从侧面连接机身的曲线，曲线首尾的控制点仍然按之前的方式绘制。如果只在视图 **Top**（顶视图）中操作，绘制曲线的所有控制点会自动被限定在 XY 轴平面上，如图 6-32 所示。

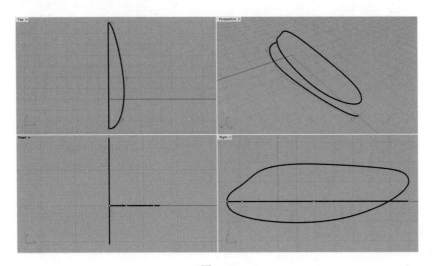

图 6-32

单击侧面曲线，在视图 **Right**（右视图）中使用 **Gumball**（操作轴）将尾部的两个控制点拖到前面绘制的两条曲线的尾部端点，使 3 条曲线尾部的最后一个控制点重合，适当调整该曲线其他控制点使其形状变化比较自然，如图 6-33 所示。

将这条机身侧面曲线镜像到对侧，单击【**Surface Creation**】（建立曲面）工具列中的【**Loft**】（放样）按钮，在视图 Front（前视图）中按顺时针或逆时针顺序依次单击选取这 4 条曲线，如图 6-34 所示。

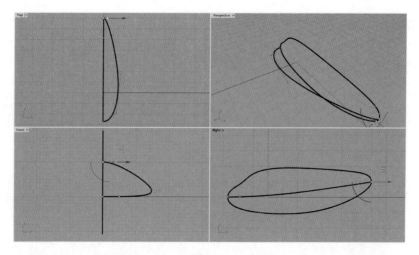

图 6-33

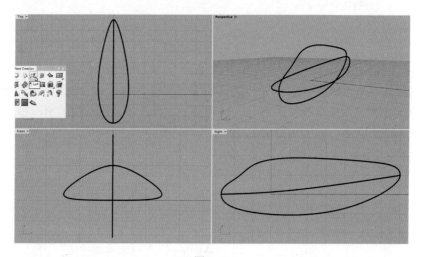

图 6-34

注：利用 **loft**（放样）命令能够生成一个依次通过数条曲线的曲面，选择曲线的顺序会对最后形成的曲面产生决定性影响，可以尝试按照不同的顺序来选择曲线，看看最后会产生怎样的结果。

选择完 4 条曲线后，**右击**或按**回车键**结束命令，在弹出的对话框中勾选【**Closed loft**】（封闭放样）复选框，4 条断面曲线形成了一个闭合的机身曲面。由于 4 条曲线相互之间都存在连续性，因此通过这个步骤形成的曲面表面是非常光滑的。但由于 4 条曲线的控制点数量和位置并不相同，形成的放样曲面表面结构线也是扭曲的，如图 6-35 所示。

从曲面的轮廓来看，直接使用 **Loft**（放样）生成的机身曲面的横截面呈上窄下宽的形状，与真实飞机的椭圆形机身横截面相比有较大差异。图 6-36 是编者摄于慕尼黑德意志博物馆中的空中客车 A350 客机的机身分段照片，可以看出真实机身截面一般是接近圆形的。

接下来，根据实际机身造型来调整创建机身的方式。利用 **Undo**（复原）命令复原刚才的步骤，单击【**Curve Tools**】（曲线工具）工具列中的【**Curve from cross section profiles**】

（**从断面轮廓线建立曲线**）按钮，在视图 **Front**（前视图）中按顺时针或逆时针顺序依次选择 4 段机身曲线，如图 6-37 所示。

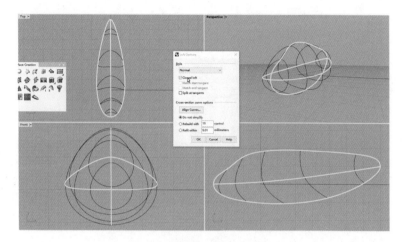

图 6-35

图 6-36

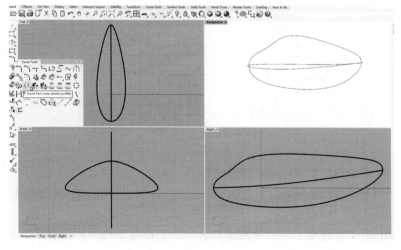

图 6-37

选择完 4 条曲线后，**右击或按回车键**结束命令，在视图 **Right**（**右视图**）中，分别在靠近机首和机尾的位置作两段垂直于 XY 轴平面的直线，如图 6-38 所示。

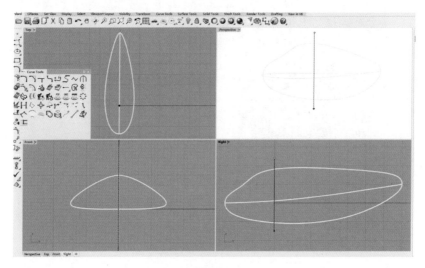

图 6-38

然后**右击或按回车键**结束命令，在刚才画出直线的位置自动生成两条闭合的机身横截面线，可以明显看出，靠近机首位置的横截面曲线呈明显的上窄下宽的形状，不符合预期的正圆形，如图 6-39 所示。

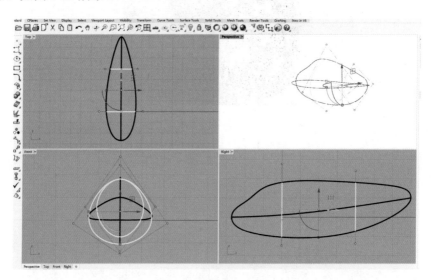

图 6-39

启用底部辅助工具栏的 **Osnap**（**物件锁点**）功能，勾选【**Int**】（**交点**）复选框，单击侧面工具栏的【**Circle: diameter**】（**圆：直径**）按钮创建一条新的机身横截面曲线，如图 6-40 所示。

在视图 **Right**（**右视图**）中，从靠近机首部分的横截面线与机身上下两条曲线的交点处分别单击两次，生成一个圆形，如图 6-41 所示。

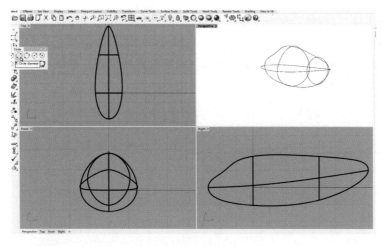

图 6-40

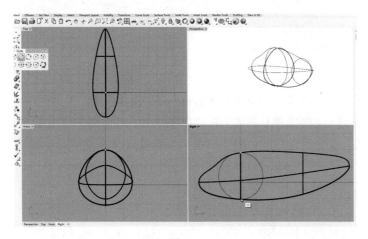

图 6-41

在视图 **Top**（顶视图）中，按住 **Shift** 键，使用 **Gumball**（操作轴）将这段圆形曲线旋转 90°，如图 6-42 所示。

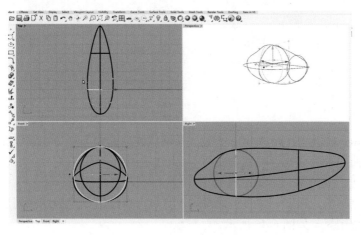

图 6-42

执行前述操作,继续绘制一条靠近机尾部分的机身横截面正圆曲线,然后使用 **Gumball**（**操作轴**）适当调整两条曲线的宽度,使其与机身侧面曲线位置接近,不需要完全贴合,删除之前用 **Curve from cross section profiles**（**从断面轮廓线建立曲线**）命令生成的两条横截面曲线, 如图 6-43 所示。

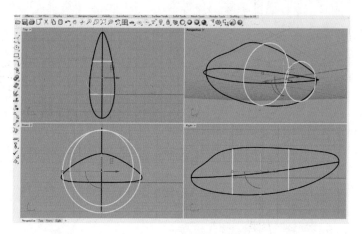

图 6-43

选取全部 6 条曲线,单击【**Surface Creation**】（建立曲面）工具列中的【**Surface from network of curves**】（从网线建立曲面）按钮,在弹出的对话框中单击【**OK**】（确定）按钮,生成一个网格状分布的机身曲面。由于在水平和垂直方向都有曲线对造型进行约束,因此现在生成的这个机身曲面的造型明显更符合预期,如图 6-44 所示。

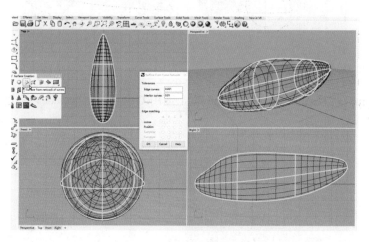

图 6-44

执行 **Surface from network of curves**（从网线建立曲面）命令能够以互相垂直方向呈网格状分布的曲线群为依据自动生成曲面。对上述这类封闭的且存在连续关系的曲线而言,生成的曲面表面十分光滑,如图 6-45 所示。

机身绘制完毕后,接着创建飞机的机翼,这里直接使用 3 个椭球来创建飞机的机翼、水平尾翼和垂直尾翼,如图 6-46 所示。

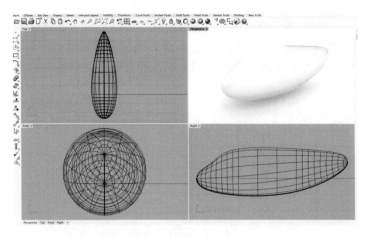

图 6-45

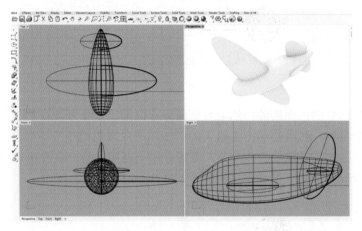

图 6-46

　　垂尾的椭球大小可能会超出机身的范围。可以选取垂尾椭球，右击【Split】（分割）按钮，使用 **Split surface by isocurve**（以结构线分割曲面）命令将垂尾的椭球分割，如图 6-47 所示。

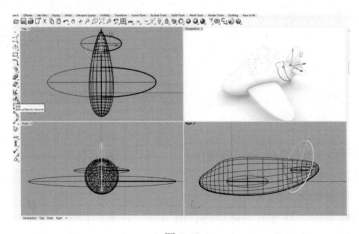

图 6-47

如图 6-48 所示，执行 **Split surface by isocurve**（**以结构线分割曲面**）命令。通过移动曲面表面 U 方向或者 V 方向的结构线的光标位置，确定位置后单击将曲面分开。如果初始结构线的方向（U 或者 V）不符合预期，那么可以通过单击命令栏中的【**Direction=**】（方向=）按钮进行调整。

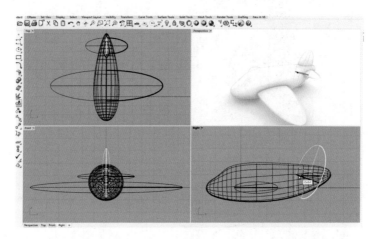

图 6-48

将垂尾多余部分的曲面删除，然后对机翼进行微调。如今以波音 787 为代表的新机型使用了大量复合材料，机翼能够产生较大的形变以产生理想的空气动力学效应，根据这个特性，尝试对该飞机的机翼做一些修改，使其看起来更加轻盈。如图 6-49 所示，选取机翼椭球，单击【**Transform**】（**变动**）工具列中的【**Bend**】（**弯曲**）按钮。

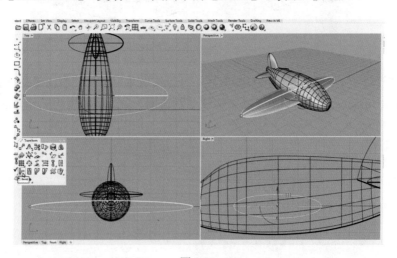

图 6-49

如图 6-50 所示，在视图 **Front**（**前视图**）中，依次在靠近机身中心位置和机翼外缘（自右向左）单击两次横向拉出一条与机翼平行的直线，然后向上移动光标将机身左侧的机翼向上进行弯曲，结果如图 6-51 所示。

注：在上述步骤中，被弯曲的椭球的表面增加了许多结构线，这是由于椭球和球体曲面上的控制点非常少，不足以支撑被弯曲后的造型，因此在上述步骤中 Rhinoceros 会自动

对曲面进行重建，通过增加控制点的数量来提高曲面的造型变化能力，而在这个过程中，椭球曲面在 U 和 V 两个方向的阶数也会由 2 变为 3。

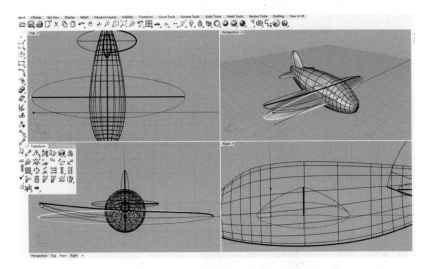

图 6-50

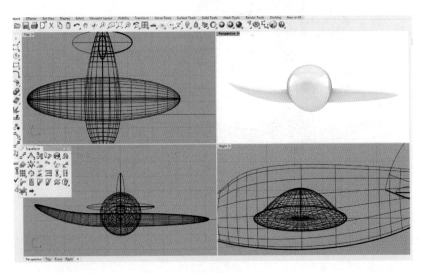

图 6-51

接着在视图 **Front**（前视图）中的机身中间位置绘制一条直线，利用 **Trim**（修剪）命令将机翼右半部分修剪掉，如图 6-52 所示。

将左半部分机翼镜像到右边，然后使用 **Boolean union**（布尔运算联集）命令将机身和机翼、水平尾翼和垂直尾翼合并在一起，成为一个实体，结果如图 6-53 所示。

接着创建这几个曲面之间的过渡连续曲面。右击【**Solid Tools**】（实体工具）工具列中的【**Fillet edges**】（不等距边缘圆角）按钮，执行 **Blend edges**（不等距边缘混接）命令。执行 **Fillet edges**（不等距边缘圆角）和 **Blend edges**（不等距边缘混接）这两个命令所产生的结果非常相似，但是前者最高只能产生 G1 连续的过渡曲面，后者则可以产生 G2 连续的过渡曲面，如图 6-54 所示。

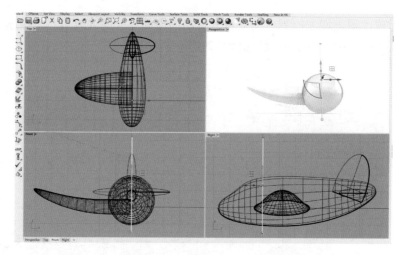

图 6-52

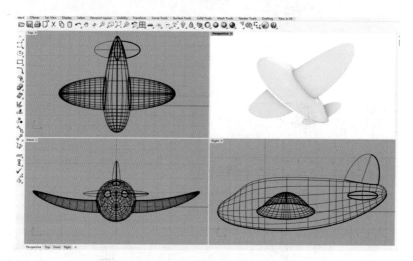

图 6-53

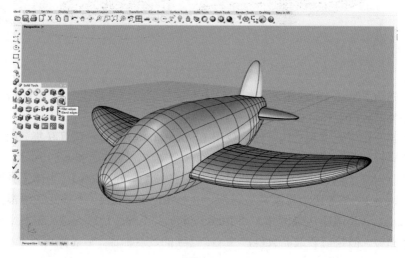

图 6-54

在命令栏中将混接大小"**NextRadius**"设定为"4"（需根据自己所建模型的大小调整数值），在选择机翼与机身接合部分的曲面边缘后，**右击**或按**回车键**结束命令。接着在命令栏中，单击【**RailType**】（路径造型）按钮，选择【**DistBetweenRails**】（与边缘距离）选项，**右击**或按**回车键**结束命令，如图6-55所示。

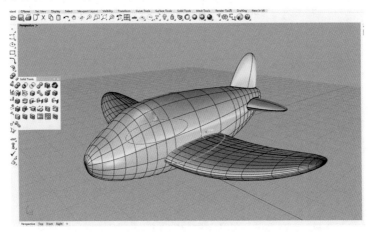

图 6-55

然后调整混接的大小，对另外几个边缘执行前述操作，得到如图6-56所示的连续过渡曲面。

注：在 **Fillet edges**（不等距边缘圆角）和 **Blend edges**（不等距边缘混接）两种情况下，都可以选择三种 **RailType**（路径造型），不同的造型会有怎样的结果，读者可以自行比较，选择最符合自己设计要求的一种即可。

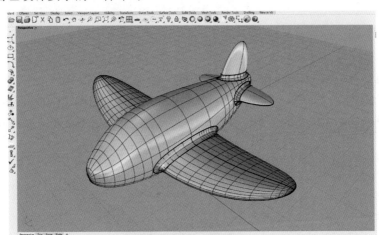

图 6-56

如图6-57所示，给机身赋予一个白色的 **Paint**（油漆）材质，可以通过机身与各机翼间的反光看出曲面间的过渡非常光滑。

选取机身模型，单击【**Analyze**】（分析）菜单栏中的【**Surface Analysis**】（曲面分析）工具列中的【**Zebra analysis**】（斑马纹分析）按钮，对曲面连续性品质进行分析，能看出曲面表面的斑马纹过渡非常自然，如图6-58所示。

图 6-57

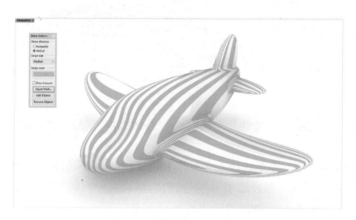

图 6-58

最后，自行增加机窗和发动机等细节，参考虎鲸的造型，使用 **Split（分割）**命令对机身进行分色，增加自己喜欢的文字和标识，一架可爱的 Q 版民航飞机就做好了。

注：可以尝试对视图 **Perspective（透视图）**的视角进行调整。单击右侧属性栏中的【**Properties**】（属性）选项卡，单击【**View**】（视窗）按钮，减少【**Lens Length**】（镜头焦距）选项的数值以扩大视角的范围，使整个飞机的透视变形更加强烈，如图 6-59 所示。

图 6-59

6.8　构建最简曲面

本书在 **3.1** 节中提到，可以将曲线的阶数看作定义该曲线的最少控制点数减 1。另外，还有一个影响曲线曲率变化的概念是 **Knot**（节点），曲线的控制点数量等于曲线的节点数加阶数加 1。如果一条均匀非有理曲线有 5 个控制点，而曲线的阶数是 4，那么这条曲线的节点数就是零，这条曲线就可称为最简曲线。如"5 阶 6 点""7 阶 8 点"的曲线都是最简曲线。用最简曲线构建的曲面称为最简曲面。由于没有影响曲率变化的 **Knot**（节点）的干扰，最简曲面所呈现的曲面光滑度通常比非最简曲面的曲面光滑度高，当然曲面的光滑度并不完全与是否"最简"有关，还与建立曲面的方式、边缘一致性、曲率关系等很多因素有关。下面用一个实际案例进行简要介绍。

在视图 **Top**（顶视图）中画两条曲线，左边第一条曲线直接使用 **Rounded rectangle**（圆角矩形）命令来绘制，用 4 段 8 阶 9 点的曲线组合成一个与左边曲线相似的曲线，如图 6-60 所示。

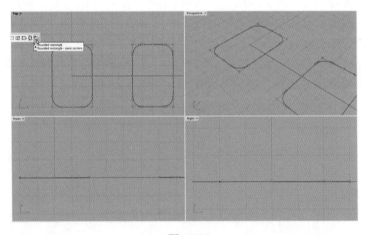

图 6-60

左边的圆角矩形曲线中的 4 条圆弧曲线是非均匀有理曲线，即"NURBS"中的"Uniform"和"Rational"两个单词的含义。在 Rhinoceros 的官方定义中，当生成曲线的各控制点的权重存在差异时，该曲线为有理曲线。以图 6-60 中的圆角矩形四角上的圆弧为例，虽然该圆弧的半径和曲率在任何位置都是相同的，但圆弧中间的控制点和圆弧端点的控制点权重不同，所以这些圆弧曲线是有理曲线。非均匀则意味着这些圆弧曲线节点的差异值不一致；与之相反，右边这条曲线则是均匀非有理曲线，所有控制点的权重相同，节点的差异值也相同。尝试拖动两条曲线上的某个控制点来观察曲线的变化，能够看出这两条曲线的差异。使用 **List object database**（列出物件数据）命令可以获取所选取曲线的详细说明。

由于非均匀有理圆弧曲线只有两阶，因此用更高阶的曲线无法创建出与圆弧完全一致的形状，只能绘制接近圆弧造型的均匀非有理曲线，因此只能做出与左边曲线近似的右边曲线。选取两条曲线，单击【**Analyze**】（分析）工具列中的【**Curvature graph on**】（打开曲率图形）按钮来检测两条曲线的曲率图形，如图 6-61 所示。

注：根据 Rhinoceros 的官方文档，曲线上任何一点都会有一个最近似的圆（曲率圆），这个圆与曲线上该点的切线方向一致。曲率图形指示线长度是该圆的半径倒数。这意味着，曲率图形上某个位置的直线越长，这个位置曲线的半径就越小。

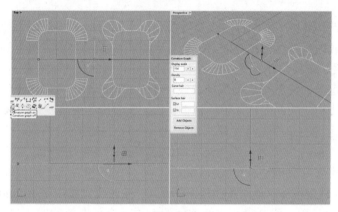

图 6-61

根据前面所述结论，虽然组成左边圆角矩形的直线（1 阶 2 点）和圆弧（2 阶 3 点）都是最简曲线，但由于直线和圆弧之间的连续性只能达到 G1 连续，因此从图 6-62 中可以看出，左边曲线直线与圆弧间的曲率图形分布是断开的，右边的曲线明显比较连贯，4 条曲线间的连续性达到了 G2 连续。如图 6-62 所示，在两条曲线中，另画一条断面曲线，使用 **Rail revolve（沿着路径旋转）** 命令分别成型，如图 6-63 所示。

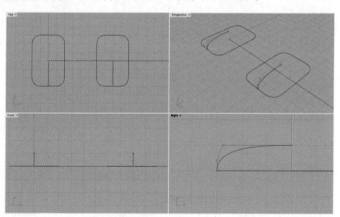

图 6-62

可以看出右边曲线生成的曲面的 UV 结构线分布非常规整，左边则呈 X 形分布。将两个曲面赋予红色油漆材质，切换视图 **Perspective（透视图）** 显示模式为 **Rendered（渲染模式）**，可以明显看出两者表面反光光滑度的差异，如图 6-64 所示。

再用 **Zebra analysis（斑马纹分析）** 命令选取两个曲面，并对其进行分析，如图 6-65 所示，可以看出，左边曲面的斑马线有着明显的折痕，右边则更光滑，由此可以看出，由达到 G2 连续的最简曲线生成的曲面表面质量相对较高。当然，在建模过程中，不必追求所有的曲线都是最简曲线，只要曲线的曲率图形看起来连贯，那么形成的曲面质量一般不会有什么问题。

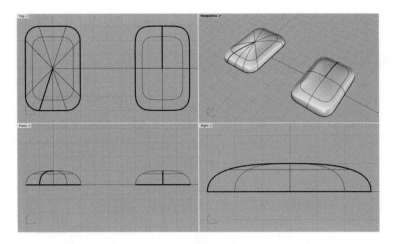

图 6-63

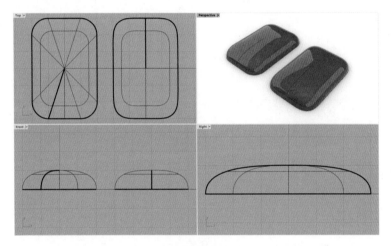

图 6-64

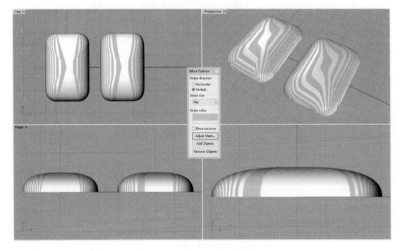

图 6-65

6.9 小结

　　随着学习的深入，会发现更多曲面背后的秘密。学习建模像是一个重新认识世界的过程，在这个过程中，会发现数学规律在背后发挥着巨大的作用。本章主要面向初学者，且篇幅有限，无法对曲面背后复杂规律的问题展开阐述。读者可以在具备一定基础后结合丰富的网络学习资源进行更深层次的学习。作为一名工业设计专业的学生，平时要多注意观察真实世界中的事物，多思考事物表象背后的本质，结合这些思考在建模过程中勤加练习，久而久之，一定会让自身建模能力乃至设计水平获得有效提高。

第 7 章

产品建模实例

"举一反三"

大家在完成前 6 章的学习后，已经对 Rhinoceros 曲面建模建立了认识，形成了一定的空间感认知，明确了尺度的重要性，了解了曲面的一些基本知识，接下来我们将通过一个综合的建模案例来进一步提高建模的能力，分步骤创建一个无线头戴式耳机。通过该建模过程，不仅能学习一些新的建模方法和技巧，还能了解产品设计中的一些知识，深化自己对产品设计与建模关系的认识。

7.1　耳机的头带和耳壳

首先创建耳机的头带和耳壳，部件位置如图 7-1 所示。

图 7-1

在开始之前，先了解耳机的大概尺寸。因为这个耳机并不是一个实际案例，所以只需参考真实耳机的大概尺寸来建模就可以了。如果手头有耳机可以拿起来用尺子自己测量，或者根据查阅公开的文献资料了解耳机的尺寸范围。在视图 **Front（前视图）** 中以坐标轴原点为圆心绘制一个半径为 80mm 的圆来表示耳机头带的外径，如图 7-2 所示。

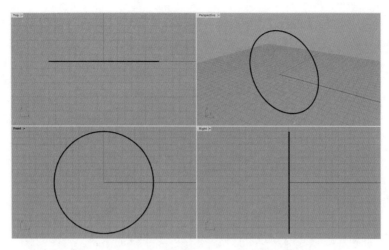

图 7-2

接着确定耳壳的位置，根据公开资料，耳壳在不使用状态下与中轴的夹角为 15°～30°。在圆线下方 45mm 左右的位置绘制一条直线，然后利用 **Rotate 2-D（2D 旋转）**命令将其以直线底部为轴心旋转 30°，如图 7-3 所示。

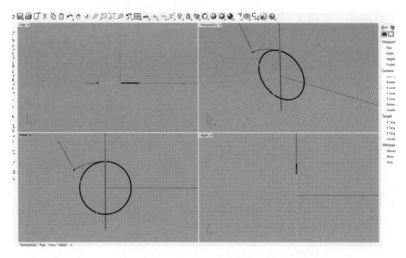

图 7-3

启用 **Osnap（物件锁点）**功能，勾选【**End**】（端点）和【**Tan**】（切点）复选框，单击左侧工具栏的【**Move**】（移动）按钮，单击将光标自动吸附到直线的顶部端点，然后移动到圆线上，当光标显示 "**Object Tan**" 提示时，再单击以结束移动，将直线移动到与圆线相切的位置，如图 7-4 所示。

注：当启用 **Osnap（物件锁点）**功能并勾选【**Tan**】（切点）复选框时，在移动直线时光标出现 "**Tan**"（切点）提示的位置并不是直线与圆线实际相切的位置，必须将直线移动到光标出现 "**Object Tan**" 提示的位置。

接着将这条直线在视图 **Front**（前视图）中镜像到 Y 轴的另一侧，用 **Trim**（修剪）命令将两条直线与圆线相切点下部的线条切除，形成一段形似气球状的曲线，然后启用 **Osnap**

155

（**物件锁点**）功能并勾选【**Perp**】（**垂点**）复选框，在视图 **Front**（**前视图**）中找一个合适的位置，绘制一条与刚才镜像过来的直线相垂直的直线作为耳罩部分的旋转参考轴，如图 7-5 所示。

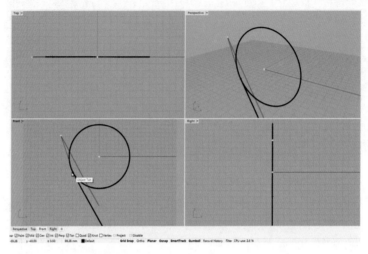

图 7-4

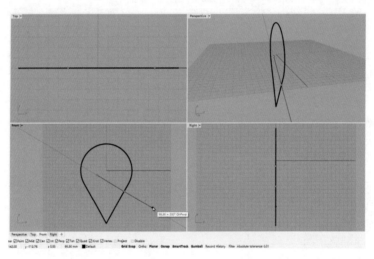

图 7-5

　　至此，耳机的基本尺寸范围已经确定，接下来所有的操作都会围绕这几条曲线进行。下一步来绘制耳机最主要的部件耳壳。这个耳机的耳壳主体部分是一个椭球，在操作时，为了便于利用所有的 **Osnap**（**物件锁点**）功能，勾选所有复选框。单击【**Solid Creation**】（**建立实体**）工具列中的【**Ellipsoid: From center**】（**椭圆体: 从中心点**）按钮，单击两个互相垂直直线的 **Int**（**交点**）位置作为椭圆的中心点，然后在命令栏中输入耳壳的半径"40"，**右击**或按回车键进入下一步操作，将光标移动至与圆线相切的直线上，单击确定其位置，再分别确定椭球的另外几个尺寸。这里绘制的椭球半径为"40×40×20"，具体位置如图 7-6 所示。

　　注：对初学者而言，在不规则空间坐标系中确定一个椭球的尺寸和位置并不是一项很轻松的工作，在绘制椭球的每步时都要仔细检查命令栏中当前的命令，按照命令栏的提示

执行下一步操作，多练习几次就能熟练操作了。

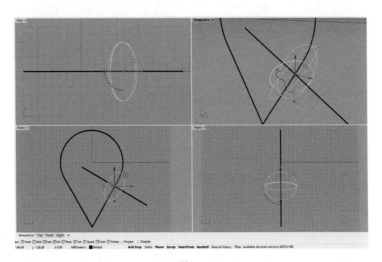

图 7-6

接着利用这条椭圆线创建耳机的头带。在视图 **Right**（**右视图**）中创建一条直径为"16×40"的椭圆线，如图 7-7 所示。

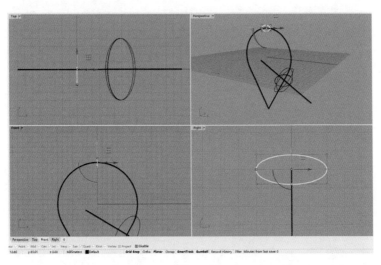

图 7-7

单击【**Surface Creation**】（**建立曲面**）工具列中的【**Sweep 1 rail**】（**单轨扫掠**）按钮，根据命令栏提示，选取气球曲线作为 **Rail**（**路径**），选取椭圆线作为 **Cross Section Curves**（**断面曲线**），在弹出的对话框中单击【**OK**】（**确定**）按钮，生成如图 7-8 所示的曲面。

接着创建两个曲面之间的过渡面。为了给过渡面留出足够的空间，先要切除一部分曲面。回到视图 **Front**（**前视图**），从坐标轴原点（即起始时绘制的圆线的圆心）绘制一条如图 7-9 所示的直线。

在视图 **Front**（**前视图**）中，将与**气球曲线**垂直的直线复制到如图 7-10 所示的位置，使用 **Trim**（**修剪**）命令将椭球的上半部分切除。

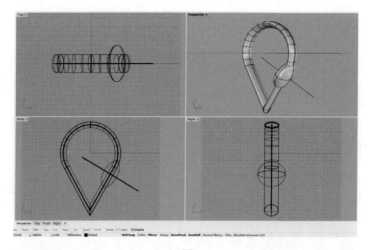

图 7-8

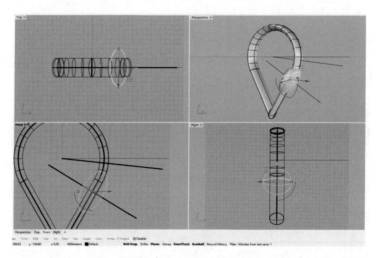

图 7-9

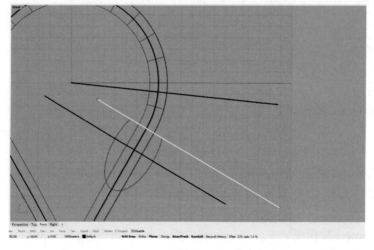

图 7-10

再同时使用这条曲线与刚才绘制的直线，将耳带曲面中间部分修剪掉，如图 7-11 所示。选取这两条直线并单击【Hide objects】（隐藏物件）按钮，将它们隐藏起来，后面还会用到。

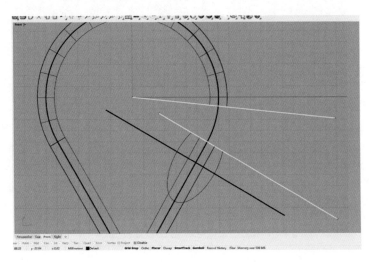

图 7-11

这时耳带曲面与椭球上均出现了一段外露边缘。如图 7-12 所示，单击【Surface Tools】（曲面工具）工具列中的【Blend Surface】（混接曲面）按钮，分别单击上下两段外露边缘，在弹出的对话框中按照图 7-13 选择相应的选项，然后单击【OK】（确定）按钮，生成一个基于这两段外露边缘的过渡面。同时在视图 Front（前视图）中沿 Y 坐标轴绘制一段直线，使用 Trim（修剪）命令将耳带左半部分曲面修剪掉。

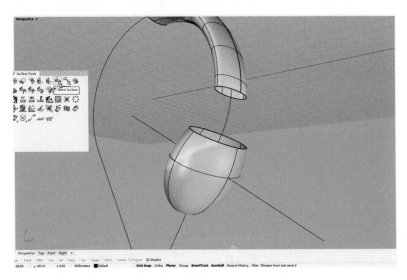

图 7-12

注：当需要混接的两条边缘分别由多段外露边缘构成时，在执行该命令时，首先需要在命令栏中单击 "ChainEdges"（连锁边缘）选项，然后按顺序分别单击一条边缘的每段外露边缘，当该边缘上所有的外露边缘都选择完毕后，再按顺序单击另一条边缘的每段外

露边缘，所有边缘选择完毕后，会自动弹出如图 7-13 所示的对话框。

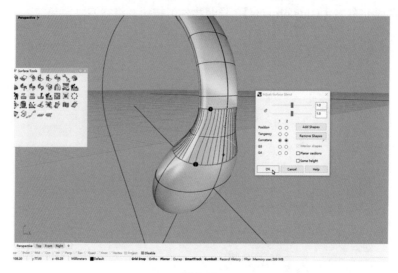

图 7-13

单击【Join】（组合）选项将选取的 3 个曲面组合在一起，由于在混接曲面时选择了【Curvature】（曲率）选项，因此使用 Zebra analysis（斑马纹分析）命令可以看出这 3 个曲面间的连续性非常好，如图 7-14 所示。

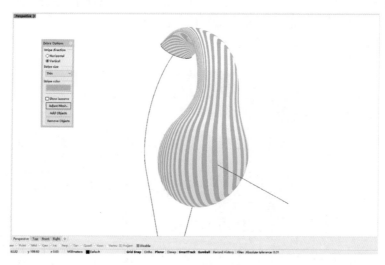

图 7-14

如果将这 3 个曲面镜像到另一侧，那么可以看到整个耳机的雏形，但真实的头戴式耳机的头带和耳壳部分不会这么厚，需要对这 3 个曲面的内侧进行重建。选取气球曲线，在视图 Front（前视图）中使用 Trim（修剪）命令将 3 个曲面内侧的曲面切除，如图 7-15 所示。

启用 Grid Snap（锁定格点）功能，使用 Control Point Curve（控制点曲线）命令在视图 Right（右视图）中绘制一段如图 7-16 所示的 5 点曲线，曲线首尾 2 个端点与之前绘制的椭圆线重合，但高度比原来的椭圆线低，这里设定的高度是 5。

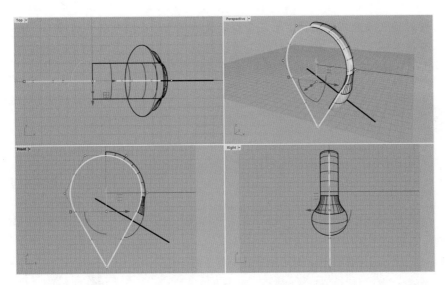

图 7-15

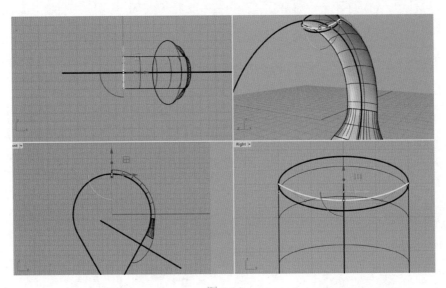

图 7-16

单击【Surface Creation】（建立曲面）工具列中的【Sweep 2 rails】（双轨扫掠）按钮，根据命令栏提示，选取耳机头带上半部分边缘的两条曲线作为 Rail（路径），选取椭圆线作为 Cross section curve（断面曲线），然后在弹出的对话框中单击【OK】（确定）按钮，生成一个耳机头带下半部分的曲面，如图 7-17 所示。

接着继续创建耳壳内侧的部件。首先需要绘制一条用于旋转成型的曲线，为了保证使用 Revolve（旋转成型）命令旋转生成的曲面顶面光滑，我们需要保证曲线靠近顶点的 2 个节点（如图 7-18 所示方框 1 和方框 2）与耳壳斜面平行。因此要借用之前生成的气球曲线，将其复制到如图 7-18 所示的位置，启用 Osnap（物件锁点）功能并勾选【Int】（交点）和【Near】（最近点）复选框，单击【Control Point Curve】（控制点曲线）按钮，在耳壳中轴线和气球曲线的 Int（交点）提示处单击确定第一个点，然后根据 near（最近点）

提示光标吸附着气球曲线单击确定第二个点，最后在气球曲线与耳壳边缘的"**Int**"（交点）提示处单击确定第三个点，**右击**或按**回车键**结束命令，生成如图 7-18 所示的曲线。选取气球曲线单击【**Hide objects**】（隐藏物件）按钮将其隐藏起来。

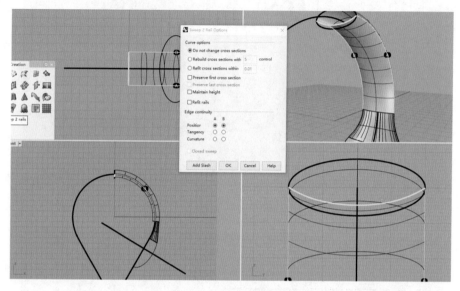

图 7-17

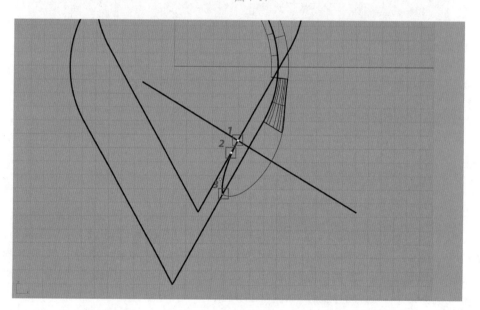

图 7-18

启用 **Osnap**（物件锁点）功能并勾选【**End**】（端点）复选框，捕捉耳壳中轴线作为旋转轴，使用 **Revolve**（旋转成型）命令生成耳壳内侧曲面，如图 7-19 所示。

接着使用 **Show selected objects**（显示选取的物件）命令，选取之前隐藏的直线，**右击**或按回车键将其显示出来，在视图 **Front**（前视图）中选取下面那条直线，使用 **Trim**（修剪）命令将刚刚旋转成型的耳壳内侧曲面上半部分切除，如图 7-20 所示。

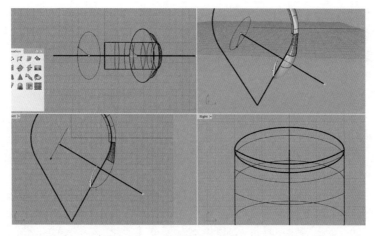

图 7-19

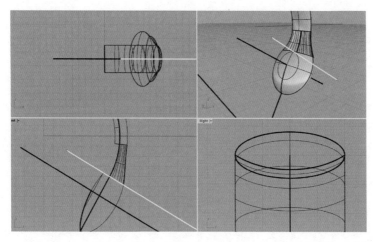

图 7-20

如图 7-21 所示，使用 **Sweep 2 rails**（双轨扫掠）命令，根据命令栏提示，选取图中黄色选取状态的两条边缘作为 **Rail**（路径），选取头带与壳体混接曲面的边缘曲线作为 **Cross section curve**（断面曲线）。

在弹出的对话框中的【**Edge Continuity**】（边缘连续性）窗格中，对边缘 A 和 B 分别选择【**Curvature**】（曲率）选项，这样就能够使双轨扫掠生成的曲面在 A 和 B 的位置与相邻曲面的连续性达到 G2 连续，如图 7-22 所示。

注：在按前述步骤修剪曲面时，头带与壳体混接曲面的边缘有可能会断开，如果遇到这种情况，我们需要使用 **Duplicate edge**（复制边缘）命令将断开的边缘曲线全部复制出来，然后使用 **Join**（组合）命令将其组合在一起，作为双轨扫掠时使用的断面曲线。

但是这样生成的曲面从视图 **Front**（前视图）看，在靠近 A 段处有些凹陷，过渡不太自然，当遇到这种情况时，可以尝试使用在关键位置添加断面曲线的方式来解决。单击【**Curve From Object**】（从物件建立曲线）工具列中的【**Quick curve blend perpendicular**】（垂直混接）按钮，启用 **Osnap**（物件锁点）功能并勾选【**Mid**】（中点）复选框，在 A 段和 B 段边缘中点处分别单击生成一条混接曲线，如图 7-23 所示。

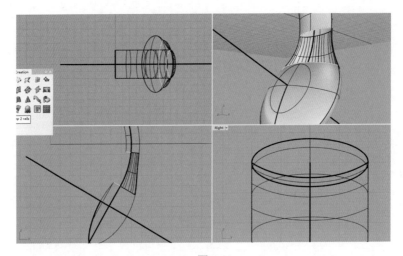

图 7-21

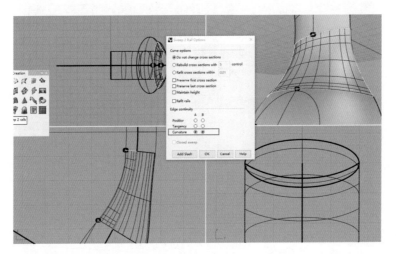

图 7-22

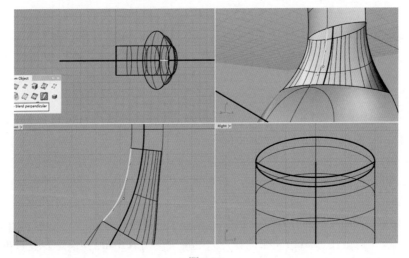

图 7-23

如对这条曲线的形状不满意，可以选取该曲线，单击【**Point Edit**】（点的编辑）工具列中的【**Adjust End Bulge**】（调整曲线端点转折）按钮，在视图中调整曲线边缘的形状。该命令能够在不影响曲线两端连续性的前提下对曲线边缘的形状进行微调，如图 7-24 所示。

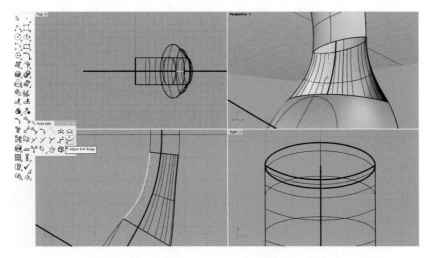

图 7-24

曲线调整完毕后，利用这条新的曲线作为断面曲线的一段，利用 **Sweep 2 rails**（双轨扫掠）命令生成一个与 AB 段边缘具有曲率连续性的新曲面，如图 7-25 所示。

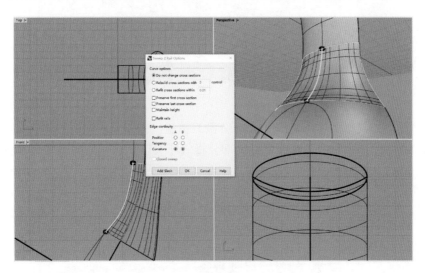

图 7-25

在视图 **Front**（前视图）中将之前制作的耳机头带外侧与内侧曲面分别使用 **Mirror**（镜像）命令镜像到另一侧，再分别使用 **Join**（组合）命令将其组合在一起，形成内外两个部分，如图 7-26 所示。

这时内侧和外侧的曲面边缘仍然是开放边缘，需要制作一个曲面与内外侧曲面分别组合在一起。使用 **Extrude closed planar curve**（挤出封闭的平面曲线）命令将气球曲线挤压成一个实体，如图 7-27 所示。

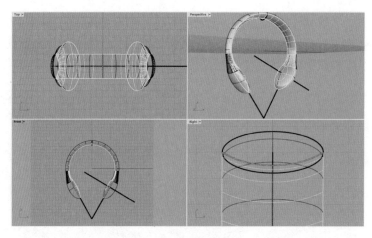

图 7-26

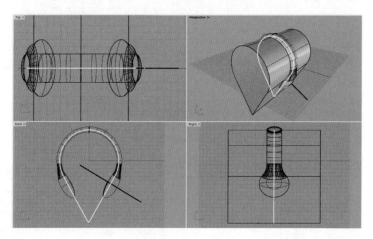

图 7-27

选取挤压出的气球实体，单击 **Split（分割）** 按钮，在选取内侧或外侧曲面后，**右击**或**按回车键**结束命令，利用两个曲面交界的部分将气球实体分割开，如图 7-28 所示。

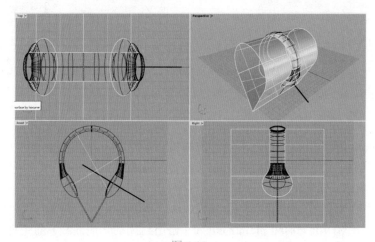

图 7-28

将气球实体多余的部分删除，选取被分割出来的曲面使用快捷键"Ctrl+C"和"Ctrl+V"组合键复制并粘贴一份，然后使用 **Join（组合）**命令分别与耳机头带外侧和内侧曲面组合在一起，得到如图 7-29 所示的两个闭合实体。

注：为了方便观察，将图 7-29 中的两部分实体移开了，而在实际操作中并不需要移开。

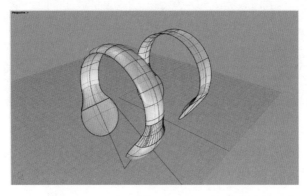

图 7-29

到这一步耳机的主体部分就完成了，将耳机头带外侧和内侧曲面赋予不同材质，将视图 **Perspective（透视图）**的显示模式改为 **Rendered（渲染模式）**，从旋转视角观察自己的作品，如图 7-30 所示。

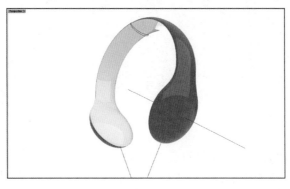

图 7-30

注：在建模过程中要养成一个习惯，尽可能使用 **Join（组合）**命令将在一个部件上的全部曲面组合在一起，不要让这些曲面处于相互分离的状态。因为曲面数量会随着模型的复杂而不断增加，若所有曲面都处于分离状态，则会对操作时的选择和判断造成干扰。

7.2 耳机的耳罩

在耳机的主体制作完成后，接着制作耳机的耳罩。耳罩分为两部分：由软性材料制作的罩体和由硬质材料制作的罩座。首先制作罩座，回到视图 **Front（前视图）**，将之前用于辅助绘制耳壳内侧旋转成型曲面的气球曲线复制一份到左上方，再接着绘制一条弧线和一条直线，如图 7-31 所示。

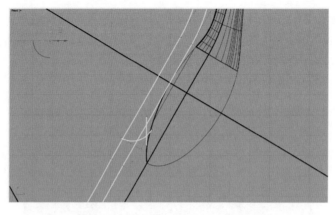

图 7-31

选取这些曲线，使用 **Trim（修剪）** 命令将多余的线条修剪掉，将剩下的曲线用 **Join（组合）** 命令组合在一起，如图 7-32 所示。

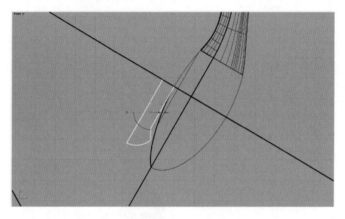

图 7-32

启用 Osnap（物件锁点）功能并勾选【End】（端点）复选框，捕捉耳壳中轴线作为旋转轴，使用 **Revolve（旋转成型）** 命令生成耳罩罩座曲面，如图 7-33 所示。

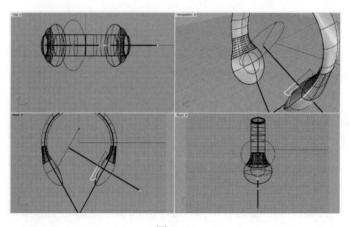

图 7-33

接着继续在视图 **Front**（前视图）中绘制一条如图 7-34 所示的曲线，执行前述操作并绘制出耳罩的罩体曲面。

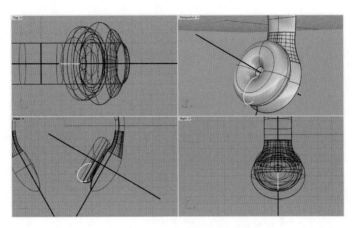

图 7-34

由于耳罩的罩体使用的是 PU 之类的软性材料，因此表面通常存在分布不均的褶皱。在渲染软件中可以使用 **Bump map**（凹凸贴图）或 **Displacement map**（置换贴图）命令来实现褶皱效果，这种效果能在建模时就表现出来，后期可以节省不少时间。在 Rhinoceros 中，可以通过调整曲面表面的控制点来实现这个效果。首先，为了将褶皱的位置控制在比较小的范围内，选取耳罩曲面，单击【**Surface Tools**】（曲面工具）工具列中的【**Rebuild surface**】（重建曲面）按钮，在弹出的对话框中增加罩体曲面表面 U 方向的控制点，可以参考图 7-35 中的数值，单击【**OK**】（确定）按钮结束命令。

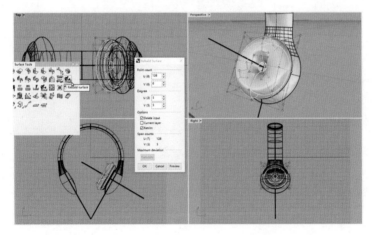

图 7-35

接着选取罩体曲面，单击左侧工具栏中的【**Show object control points**】（打开控制点）按钮打开曲面表面的控制点，可以看到罩体曲面表面沿轴心方向的控制点的数量非常多。选取其中任意一个控制点，单击顶部【**Select**】（选取）工具栏中的【**Select Points**】（选取点）工具列中的【**Select V**】（选取 V 方向）按钮，将该控制点 V 方向上的所有控制点同时选取，如图 7-36 所示。

注：当曲面表面控制点分布比较复杂时，使用【Select Points】（选取点）工具列中的命令能够快速选取曲面表面特定方向或位置的控制点，可以尝试不同的命令以熟悉以下操作。

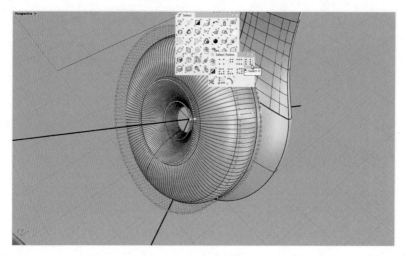

图 7-36

执行前述操作，选取罩体曲面圆周的一圈控制点，按住 **Shift 键**，选取 **Gumball**（操作轴）的任意方向的控制柄，将这些控制点向内缩短一定的距离，如图 7-37 所示，一个表面富有褶皱的罩体曲面就完成了。

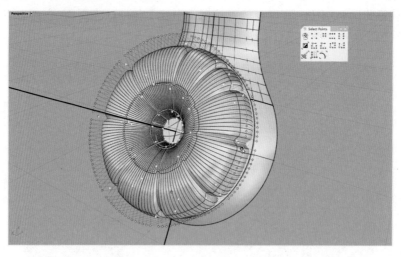

图 7-37

如图 7-38 所示，将罩体曲面赋予黑色塑料材质，切换视图 **Perspective**（透视图）的显示模式为 **Rendered**（渲染模式），观察效果。当然，要模拟真实的褶皱效果仅靠以上一个步骤是不够的，还需要参考真实的耳机造型对罩体曲面表面的控制点进行多次微调，以接近真实的效果。

在视图 **Front**（前视图）中将耳罩的罩体和罩壳镜像到另一侧，这时两边的罩体的褶皱是完全对称的，看起来非常不真实。可以选取右侧罩体，右击左侧工具栏中的【**Rotate 2-D**】

（**2D 旋转**）按钮，执行 **Rotate 3-D**（**3D 旋转**）命令。以耳壳中轴线作为旋转轴，将右侧的罩体旋转一定的角度，让左右耳罩的褶皱看起来不对称，增强真实感，如图 7-39 所示。

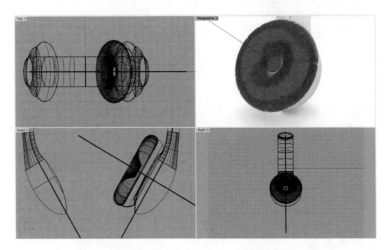

图 7-38

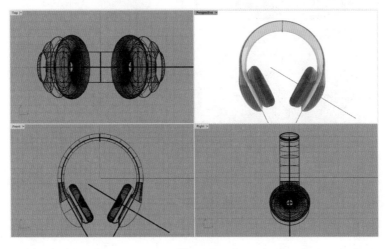

图 7-39

7.3　耳机的细节

完成上述步骤后，这个耳机的主体部分已经基本完成，接着完善细节，让这个耳机看起来更加真实。首先创建出耳壳表面的涟漪造型，涟漪是水面的波浪，在语义上与声波在空气中的传播能够联系起来，非常适用于耳机表面造型设计。使用 **Control Point Curve**（**控制点曲线**）命令在视图 **Front**（**前视图**）中绘制一条接近耳壳外部造型的波浪曲线，沿耳壳中轴线，使用 **Revolve**（**旋转成型**）命令生成如图 7-40 所示的曲面。

在视图 **Front**（**前视图**）中绘制一条与耳壳中轴线垂直的直线（可直接使用气球曲线），使用 **Trim**（**修剪**）命令将耳壳与头带靠近涟漪曲面的部分修剪掉，如图 7-41 所示。

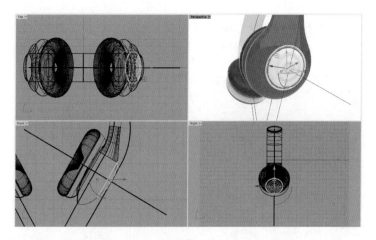

图 7-40

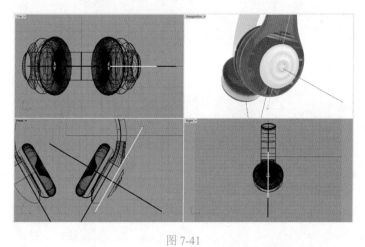

图 7-41

使用 **Blend Surface**（**混接曲面**）命令生成一个基于两个外露边缘的过渡面，在涟漪曲面与耳壳曲面间形成一个达到 G2 连续的过渡曲面，如图 7-42 所示。

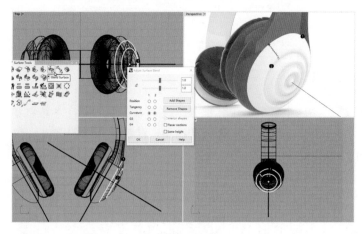

图 7-42

左侧的耳壳的涟漪面可以通过镜像来完成。先使用 **Extract surface**（抽离曲面）命令选取耳壳曲面与过渡面，**右击**或按回车键结束命令，将左侧两个面抽离出来并删除，如图 7-43 所示。

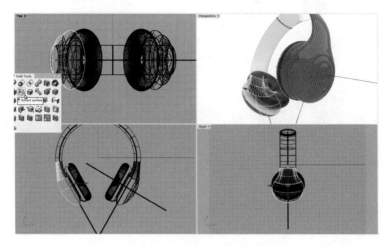

图 7-43

继续使用 **Extract surface**（抽离曲面）命令将右侧刚才制作的涟漪面、过渡面与耳壳曲面抽离出来，在视图 **Front**（前视图）中使用 **Mirror**（镜像）命令将其镜像到左侧，如图 7-44 所示。再选取这些曲面与之前制作的头带曲面，利用 **Join**（组合）命令将其组合在一起，如图 7-45 所示。

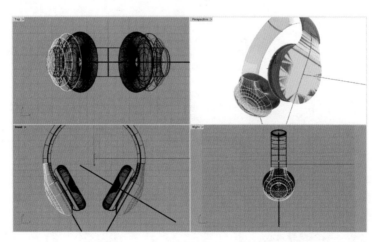

图 7-44

使用 **Zebra analysis**（斑马纹分析）命令检查前述步骤中生成曲面的品质。由于所有过渡曲面间的连续性均达到 G2 连续，因此斑马纹的过渡非常自然，如图 7-46 所示。

接着继续添加指示左右耳罩的 "R" 和 "L" 字母。在视图 **Top**（顶视图）中，单击左侧工具栏上的【Text object】（文字物件）按钮，在弹出的对话框中输入 "R" "L" 两个字母，在【Font】（字体）下拉列表中选择合适的字体，在【Create geometry】（建立窗格）选项卡中选择【Curves】（曲线）选项，单击【OK】（确定）按钮结束命令，如图 7-47 所示。

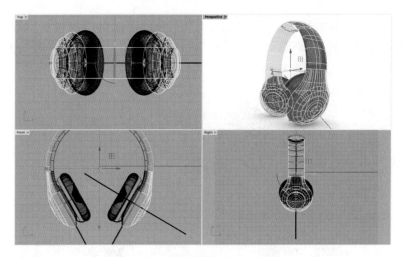

图 7-45

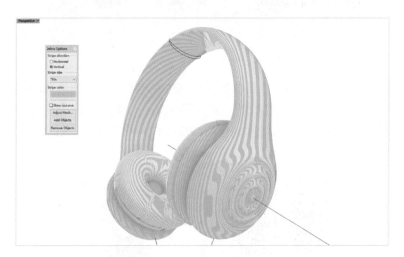

图 7-46

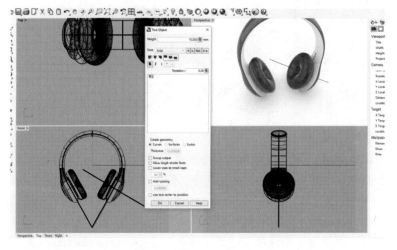

图 7-47

　　此时在视图 **Top**（顶视图）中会生成这两个字母形状的曲线，接着先选取字母"R"，单击【**Transform**】（变动）工具列中的【**Orient objects on surface**】（定位至曲面）按钮，如图 7-48 所示。

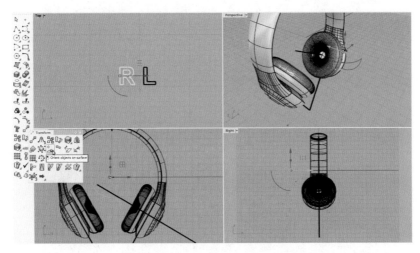

图 7-48

　　启用 **Osnap**（物件锁点）功能并勾选【**End**】（端点）复选框，根据命令栏提示，在视图 **Top**（顶视图）中自上而下地在字母"R"的上、下端点分别单击两次，确定字母"R"的基准点和缩放与旋转的参考点，如图 7-49 所示。

图 7-49

　　接着命令栏会出现"**Surface to orient on**"（要定位于其上的曲面）提示，这时选择耳机左侧罩座的曲面，在弹出的对话框中单击【**OK**】（确定）按钮，移动光标在耳机右侧罩座上确定一个合适的位置，单击结束命令，如图 7-50 所示。

　　选取字母"R"曲线，单击【**Curve From Object**】（从物件建立曲线）工具列中的【**Pull curve**】（拉回曲线）按钮，选取右侧罩座曲面后，右击或按回车键结束命令，将字母"R"的曲线投影到罩座曲面上，使曲线完整贴合到曲面上，如图 7-51 所示。

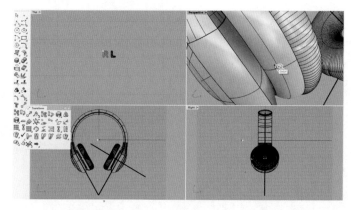

图 7-50

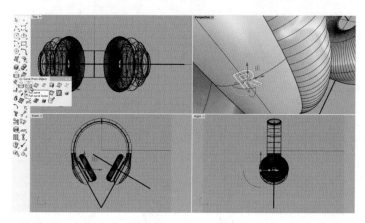

图 7-51

选取右侧罩座曲面，单击左侧工具栏中的【Split】（分割）按钮，选取前述步骤中投影到曲面表面的字母"R"曲线，右击或按回车键结束命令，将曲面表面分割开。将分割出来的"R"形曲面赋予白色的材质，使罩座表面呈现出类似丝网印刷的"R"字样，如图 7-52所示。

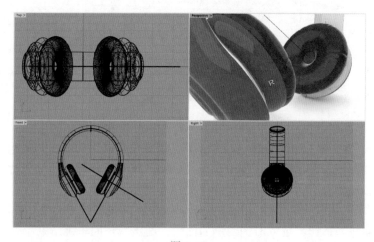

图 7-52

对字母"L"执行前述操作，在左侧罩座表面分割出字母"L"字样的标识，这个耳机建模就基本完成了。这时在视图中有很多之前使用过的曲线，可以单击【Select】（选取）工具列中的【Select curves】（选取曲线）按钮将视图中的所有曲线选取，然后单击顶部工具栏的【Hide objects】（隐藏物件）按钮将其隐藏起来，整个视图就会变得更加清爽，如图 7-53 所示。

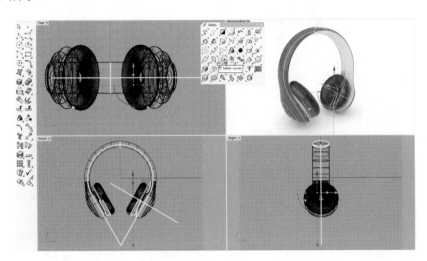

图 7-53

在视图 **Front**（前视图）中用 **Rectangle: Corner to Corner**（矩形：角对角）命令绘制一个长方形，利用 **Rotate 2-D** （**2D 旋转**）命令在坐标轴原点（即头带圆形曲线的圆心）处将其逆时针旋转 15°，如图 7-54 所示。

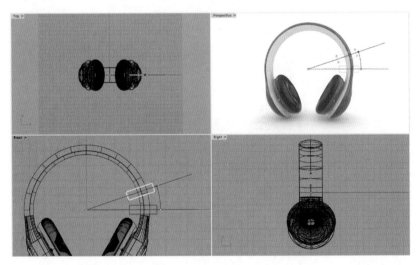

图 7-54

利用 **Extrude closed planar curve**（挤出封闭的平面曲线）命令将这条曲线挤压成一个长方体，在视图 **Front**（前视图）中使用 **Mirror**（镜像）命令将其镜像到另一侧。选取头带内侧曲面，单击【**Solid Tools**】（实体工具）工具列中的【**Boolean split**】（布尔运算分割）

按钮，选取两个长方体后**右击**或按**回车键**结束命令，生成两个在头带内侧的装饰块，如图 7-55 所示。

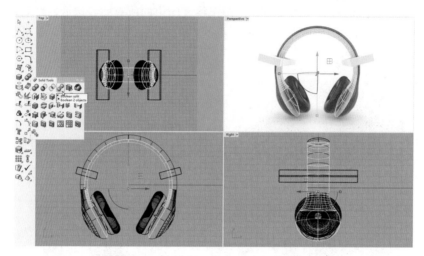

图 7-55

至此，这个耳机就全部制作完成了。如图 7-56 所示，切换视图 **Perspective**（**透视图**）的显示模式为 **Rendered**（**渲染模式**），从不同角度欣赏自己的作品，看看哪些部分是自己特别满意的，哪些部分还存在不足。接下来，尝试结合之前学过的内容，自己设计并绘制一个新的耳机。

图 7-56

7.4 小结

本章中耳机建模的步骤是基于编者经验展开的，某些步骤可能不一定合理，仅符合编者的思路和习惯。在学习和使用软件过程中，每个人都会形成自己的操作习惯，只要能够高效完成建模，就是最合理的方法。软件对设计师而言，就如同作家的笔，不管作家用什么样的笔，目的都是写出好的文章。但是，如果字写得漂亮，文章读起来也会更赏心悦目。作为一名设计专业的学生，也要树立这样的观念。软件是一种工具，使用软件的目的是更好地表达设计方案。当然，在学习软件过程中，还要尽量尝试用最合理的建模方法。Rhinoceros 官网上有很多官方发布的教程，能够为大家学习更合理的建模方法提供权威的参考资料。

第8章

产品效果图渲染

"渲染的窍门"

产品效果图渲染是设计流程中非常有效的外观和 CMF（Color，Materials，Finish）数字化验证手段。随着技术的发展，现在的渲染软件在还原度和表现力上也在不断提升，高水准的渲染效果图甚至可以替代商业摄影照片，用于产品方案展示、宣传和包装等各种媒介中，最新的渲染工具还能够和 VR/AR 等虚拟现实技术相结合，应用范围广泛。

本章结合编者多年的效果图渲染工作经验中获得的一些技巧，通过对产品效果图渲染的几种类型和各自特点进行阐述，让大家了解怎样通过环境、镜头和布局来快速制作出专业的效果图，提升产品效果图渲染的表现力。本章内容主要是基于目前业内主流的产品渲染软件 Keyshot 10.0 版本，对于使用其他渲染软件的读者，可以作为参考。

注：由于本章所使用的 Keyshot 10.0 版本是中文版，关于软件术语的中英文标注方式与之前刚好相反。相关模型请扫描如图 8-1 所示的二维码进行下载。

图 8-1

8.1 渲染环境

对于产品效果图渲染，首先需要考虑的问题是如何设置合适的渲染环境。渲染环境主要分为以下几种类型：白色环境、黑色环境、彩色环境和真实环境。不同的环境结合特定的灯光能够让产品呈现出不同的品质，适用于不同的产品风格。接着来介绍不同渲染环境的特点。

注：Keyshot 10.0 暂不支持导入 Rhinoceros7.0 模型，如建模使用的是 Rhinoceros 7.0，

请先将模型另存为 Rhinoceros 6.0 版本再将其导入 Keyshot 10.0 中使用，Keyshot 11.0 及以上版本不存在这个问题。

8.1.1　白色环境

白色环境简洁清爽，适用于大多数产品表现，是最常用的渲染环境之一。如图 8-2 所示，Keyshot 10.0 默认的环境设置就是白色的**工作室环境**（**Startup**）。

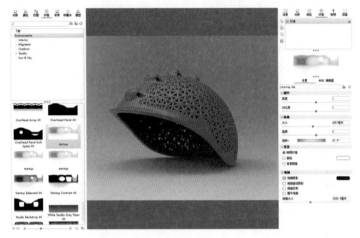

图 8-2

图 8-2 中的环境其实是灰色的，并不能称为"纯白色"。如果要将其变成"纯白色"，可以单击界面下方的【项目】（Project）按钮（后续操作中将不再复述该步骤），在右侧弹出的【项目】（Project）栏中单击【环境】（Environment）按钮，在环境窗格中单击【设置】（Setting）选项，选择【背景】（Background）下拉菜单中的【颜色】（Color）选项，单击其右侧的色块按钮，在弹出的对话框中将颜色改为白色即可，如图 8-3 所示。若想将背景改为其他颜色，则可以重复执行上述步骤。

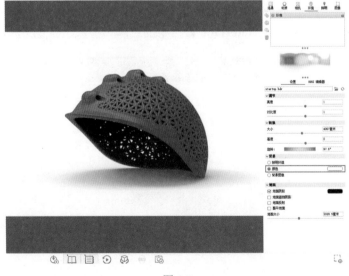

图 8-3

在产品效果图渲染环节中，白色环境常常用来表现一些尚处于概念阶段的设计作品。为了强调概念化风格，可以使用白色环境结合纯白材质进行表现。但是，在白色环境中，使用纯白材质的产品容易曝光过度，如图 8-4 中左边的头盔。为了更好地表现纯白材质，在白色环境中通常会将纯白材质的透明度适当降低，可采用以下步骤进行操作：首先单击界面下方的【库】（Library）按钮（后续操作中将不再复述该步骤），在左侧弹出的【库】（Library）栏中单击【材质】（Material）按钮，单击窗格下方的【Plastic】下拉栏，在其中单击【Hard】下拉栏，长按【Hard Rough Plastic White】材质将其拖到头盔模型上，然后双击头盔模型，在右侧【项目】（Project）栏的【材质】（Material）窗格中，单击【Hard Rough Plastic White】材质的【漫反射】（Diffuse）色块选项，在弹出的对话框中将白色改为灰色，呈现出图 8-4 中右边这个头盔的效果。

图 8-4

还可以单击右侧【项目】（Project）栏中的【环境】（Environment）按钮，再单击【设置】（Setting）按钮，选择【背景】（Background）下拉栏中的【颜色】（Color）选项，单击其右侧的色块选项，在弹出的对话框中将白色的透明度适当降低，以达到更好的效果。

有时在白色环境中为了强调科技感，可以尝试使用 Keyshot 10.0 自带材质库中的"Toon"材质，将"Toon Shaded Blue"材质拖到头盔上，如图 8-5 所示。也可以通过修改【项目】（Project）栏中材质（Material）窗格中的色彩和参数进行观察和比较。

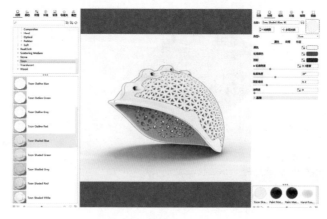

图 8-5

8.1.2 黑色环境

黑色环境常常用于表现具有神秘感、科技感的产品。在黑色环境中可以用阴影掩盖产品的主体，用高光凸显产品的轮廓，让产品的细节若隐若现，进而实现一种"犹抱琵琶半遮面"的视觉效果，如图 8-6 所示。

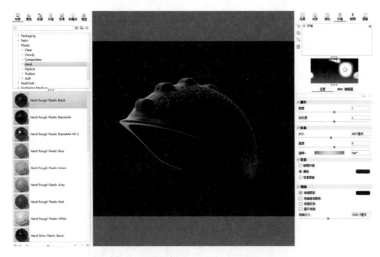

图 8-6

Keyshot 10.0 的库中已经包含了很多类型的材质和环境，一般情况下只需在默认材质和环境的基础上稍微进行修改，就可以实现不错的效果。接下来介绍图 8-6 中的设置步骤。

首先将图 8-6 中的【Hard Rough Plastic Black】材质拖到头盔模型上，然后单击左侧【库】（Library）栏中的【环境】（Environment）按钮，长按【Light Tent Screen Top 4K】环境将其拖到场景中，单击右侧【项目】（Project）栏中的【环境】（Environment）按钮，再单击【设置】（Setting）按钮，选择【背景】（Background）下拉栏中的【颜色】（Color）选项，单击其右侧的色块选项，在弹出的对话框中将颜色修改为黑色，如图 8-7 所示（不建议全黑，因为在全黑环境中看不到细节。该场景中的 RBG 值均为"32"）。

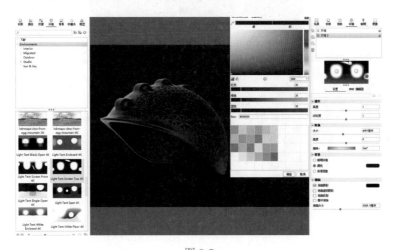

图 8-7

由于当前的环境中仍然有不少灯光,因此可以在【项目】(Project)栏的**环境(Environment)**窗格中修改 **HDRI 编辑器(HDRI Editor)**中的参数,以便对场景的灯光设置进行修改。如图 8-8 所示,单击场景中左侧的主要光源,取消勾选下方菜单中的复选框,会发现场景中的一部分光照消失了,只保留了轮廓和一些辅助照明的光照。然后单击**【生成全分辨率 HDRI】(Generate full resolution HDRI)**按钮,重新刷新场景环境的分辨率,如图 8-9 所示。

注:在利用 Keyshot 10.0 修改 **HDRI 编辑器(HDRI Editor)**中的参数时,默认会降低环境的分辨率,为了满足高分辨率出图的要求,每次修改完参数后,都要重新执行生成全分辨率的步骤。

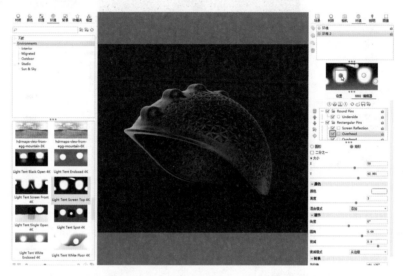

图 8-8

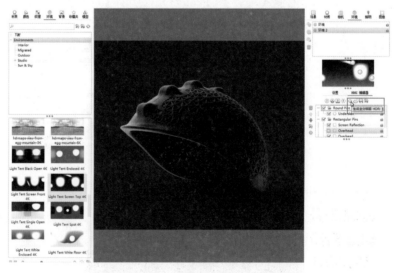

图 8-9

有时场景默认环境的灯光不一定处于合适的位置,可以单击【项目】(Project)栏中的【环境】(Environment)按钮,用鼠标拖动【设置】(Setting)窗格中的【旋转】(Rotation)

旋钮来整体调整环境灯光的布局以便获得最好的效果，如图 8-10 所示。

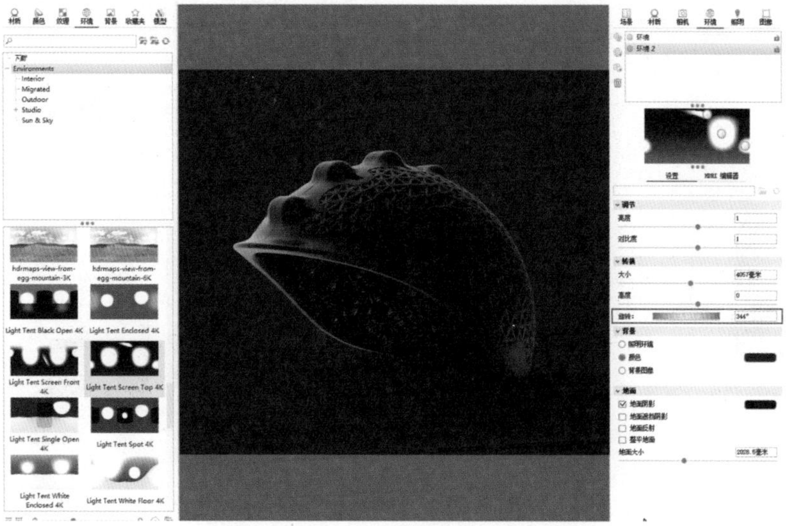

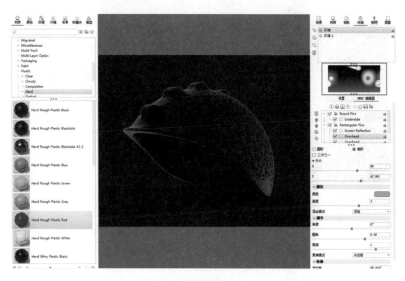

图 8-10

在黑色环境中，还可以通过修改灯光的色彩来营造氛围，使效果图更具表现力。如图 8-11 所示，在"**Light Tent Screen Top 4K**"环境中，执行前述操作进入【**HDRI 编辑器**】（**HDRI Editor**），分别单击选取两个主要光源，单击下方【**颜色**】（**Color**）下拉栏中的颜色色块选项，将其改为蓝色和红色，适当修改其他参数，并将其移动到合适的位置。完成后不要忘记单击【**生成全分辨率 HDRI**】（**Generate full resolution HDRI**）按钮，重新刷新场景环境的分辨率。

图 8-11

黑色环境还经常用于渲染玻璃和液体较多的场景。一般情况下，可以直接使用 Keyshot 10.0 自带的"**Solid Glass**"和"**Liquids**"材质，适当修改环境设置，使用背景图像来模拟光照氛围，可以得到比较好的效果，如图 8-12 所示（扫描图 8-1 的二维码下载渲染文件）。

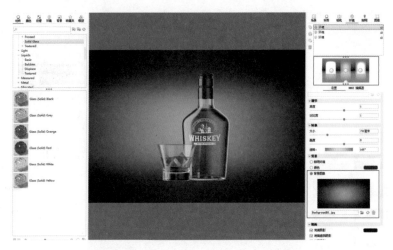

图 8-12

需要注意的是，在玻璃和液体这类光线反射和折射比较多的场景中，需要增加光线的反弹次数。单击【项目】（Project）栏中的【照明】（Lighting）按钮，通过移动滑块或在数值框中输入数值的方式修改【射线反弹】（Ray Bounces）栏中的数值，使光线在环境中的反弹次数增多，能够有效增强画面的真实度。还可以勾选【焦散线】（Caustics）复选框，启用焦散效果，如图 8-13 所示。

图 8-13

如果想创造出更有层次的画面，还可以用鼠标将 Keyshot 10.0 自带的模型库中的"Backdrops"（背景板）拖到场景中，增强材质和灯光等效果。单击界面上方的【几何视图】（Geometry View）按钮，在新增的几何图形视图中调整模型、灯光、背景板，以及摄像机等位置，如图 8-14 所示。

图 8-14

8.1.3　彩色环境

除了常用的黑白环境，彩色环境也具有很强的表现力，适用于表现一些主体色彩鲜亮的产品。根据具体应用场景，彩色环境分为单色环境、渐变色环境和对比色环境等。

首先来看看如何设置与产品主体一致的单色环境。这里我们使用在第 7 章中制作的耳机作为案例，将其导入场景中，将合适的材质拖到模型上。耳机外壳使用的是"**Paint Metallic Candy Blue**"，单击【项目】（Project）栏中的【材质】（Material）按钮，单击【基色】（Base Color）和【金属颜色】（Metal Color）的色块选项，在弹出的对话框中适当调整颜色；通过移动滑块或数值框输入数值的方式将【材质】（Material）窗格中的【透明涂层粗糙度】（Clear-coat Roughness）栏的数值改为"0.1"，使其表面呈现出磨砂的质感；耳机其他部分材质使用"**Hard Rough Plastic White**"，指示灯使用了自发光材质"**Emissive Cool**"，修改自发光颜色为蓝色，适当调整强度；环境使用"**2 Panels Straight 4K**"，执行前述操作将其**背景**（Background）颜色改为与耳机主体相近的蓝色，取消勾选【地面】（Ground）下拉栏中的【地面阴影】（Ground Shadows）复选框，使其呈现出浮在背景上的效果，如图 8-15所示。

图 8-15

189

　　有时还可以单击【项目】（Project）栏中的【图像】（Image）按钮，勾选【Bloom】和【暗角】（Vignette）复选框，适当调整其参数，增强自发光材质的效果和场景的明暗层次，如图 8-16 所示。

图 8-16

　　除了上述与产品主体色调一致的单色环境，还可以使用与主体颜色互为对比色的环境色彩，能够产生令人耳目一新的视觉感受，如图 8-17 所示。但在使用这类对比色环境时要特别注意的是，不要使用纯度太高的色彩，避免过度刺激视觉。

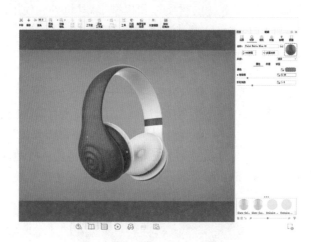

图 8-17

　　另外，针对某些配色比较丰富的产品，还可以使用渐变色等多色环境。设置这类环境时，通常无法通过直接修改设置中的参数来实现效果，需要通过平面软件绘制好背景图像文件后，将其调用到【环境】（Environment）窗格中的【背景图像】（Backplate Image）选项中，如图 8-18 和图 8-19 所示。

　　或单击界面下方的【渲染】（Render）按钮，在弹出的渲染设置对话框中单击【输出】（Output）选项，在【格式】（Format）下拉列表中单击【PNG】选项，同时勾选【包含 alpha（透明度）】【Include Alpha (Transparency)】复选框，如图 8-20 所示。渲染完成的图将自动保存为带有透明背景的"PNG"格式图片，可将其置入平面软件中进行后期背景图绘制。

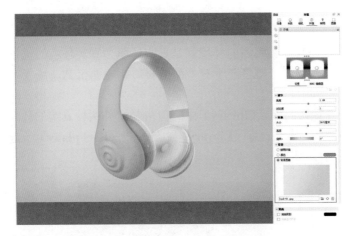

图 8-18

图 8-19

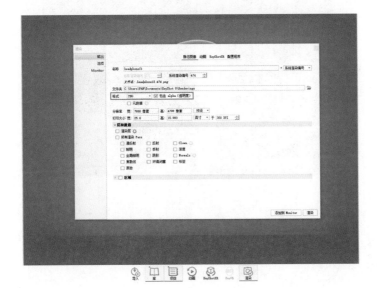

图 8-20

8.1.4 真实环境

除了上述环境，还有一类常用的环境就是真实环境。真实环境的优势在于能够较好地展示产品的尺度和使用场景，难度在于对产品的材质、表面工艺、场景布光等渲染设置的要求较高。

在 Keyshot 10.0 默认的**库（Library）**中有室内与室外两种真实的环境图，但这些图通常用作场景的环境照明，需结合库（Library）中的**背景（Backplates）**一起使用，如图 8-21 所示。

图 8-21

在真实的环境渲染设置中，除了需要关注主体和背景，还需注意适当增加一些人们熟知的附件如笔、硬币等，这些附件有助于观众更直观地感知产品的尺寸，如图 8-22 所示。

图 8-22

8.2 镜头

效果图渲染最初源自商业摄影，摄影作品的表现力与相机镜头的关系紧密。同样的相机、同样的题材、使用不同焦距的镜头、不同的光圈和快门，最后成像效果差异非常大。因此，在渲染软件中，镜头的参数设置也非常重要。接下来主要从焦距和景深两个方面展开讲解。

8.2.1　焦距

焦距是指镜头光学后主点到焦点的距离，是镜头的重要性能指标。不同焦距镜头的视角差异很大，通常焦距的数值越小，视角越大。在 Keyshot 10.0 中，焦距和视角的关系与现实世界中的 35mm 胶片相机一致。单击【项目】（Project）栏中【相机】（Camera）按钮，通过移动滑块或在数值框内输入数值的方式修改【视角/焦距】（Perspective/Focal Length）栏的数值，从而产生不同的视角和透视效果。图 8-23～图 8-25 是分别采用 24mm（广角镜头）、50mm（标准镜头）和 75mm（长焦镜头）焦距时，镜头的视角和透视变化。可以看出，焦距数值越小，画面的视角越大，产品的透视也越强烈；反之亦然。

图 8-23

图 8-24

193

图 8-25

采用何种焦距，取决于想要具体表现的效果。若想要透视强烈一些，则可以使用视角宽广的广角焦距；若想要聚焦在某个细节上并对其进行特写，则可以使用长焦焦距。

8.2.2　景深

景深即景象清晰的范围。在摄影中，常常使用长焦镜头加大光圈的组合，创造出较浅的景深，从而实现突出主体的视觉效果。在 Keyshot 10.0 中，可以通过单击【项目】（Project）栏中的【相机】（Camera）按钮，在【景深】（Depth of Field）下拉框中对场景的景深效果进行设置。

如图 8-26 所示，勾选【景深】（Depth of Field）复选框，启用场景的景深效果，单击【在实时视图中选择焦点】（Select Focal Point in Real-time View）按钮，在实时视图的模型上单击想要合焦的位置（耳机的按键处），在视图下方对话框中单击 【完成】（Done）按钮确定位置。

图 8-26

　　这时呈现出的景深可能非常浅，这是由于默认的景深设置中的光圈太大。Keyshot 10.0 镜头光圈的参数取自实际相机，数值越小光圈越大。通过移动滑块或在数值框中输入数值的方式将【光圈】（F-stop）栏的数值改为"6"，可以看出景深的范围变深了，如图 8-27 所示。

图 8-27

　　在效果图渲染中，适当启用景深效果，能够有效增加效果图的层次感。图 8-28 是对 **8.1.4** 节中的案例采用了长焦（75mm）加景深（光圈 9）后呈现的效果。另外，Keyshot 10.0 为了满足镜头的不同需求，可将各种镜头的参数保存下来，以便随时调用，如图 8-28 红框处所示。

图 8-28

8.3　布局

　　布局是指效果图主体摆放的位置和方式。布局与环境和镜头也有一定关系，为了突出阐述不同布局的特点，将其单独列为一个小节进行讲解。布局在效果图中可以起到以下两个作用：一是让效果图的表现方式呈现出多样性，二是便于展示产品的不同角度和细节。

8.3.1　把它们放在一起

　　"把它们放在一起"就是把不同角度的同一产品放在同一个场景中。在这种布局中，产品所呈现的位置通常大小一致但角度不同。如图 8-29 所示，单击【项目】（Project）栏中的【场景】（Scene）按钮，**右击**耳机模型名称，在下拉菜单中选择【复制】（Duplicate）选项，将在 **8.1.3 节**中制作的耳机模型复制两个。**右击**单击复制出的耳机模型名称，在下拉菜单中选择【移动】（Move）选项，将其分别移动到如图 8-29 所示的位置，就得到了一张"把它们放在一起"的效果图。

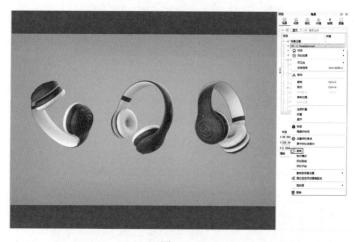

图 8-29

　　在这种布局中，还可以把不同配色方案的产品"放在一起"，能够增强效果图的展示功能，如图 8-30 所示。

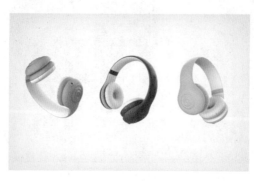

图 8-30

8.3.2 不可思议的视角

在效果图渲染中，有时为了营造较强的视觉冲击力，常常会使用一些"不可思议"的视角，让渲染主体出现在不符合常理的位置上。如图 8-31 所示，将上一个步骤中的模型移动到靠近地面的位置，勾选【环境】（Environment）窗格中的【地面阴影】（Ground Shadows）和【地面遮挡阴影】（Occlusion Ground Shadows）复选框，这时整个场景就像是定格在耳机的掉落瞬间，极具视觉冲击力。

图 8-31

有时为了结合图文排版，还可以尝试更多的"不可思议的视角"布局，如图 8-32 所示。

图 8-32

8.3.3 正交视图

正交视图就是工程制图中的正视图，由于正交视图的视角与真实视角不符，因此通常很少在效果图中使用。但也正是因为其使用的比较少，偶尔尝试一下反而会带给观众新鲜感，同时还能营造一种源自工程的机械美学氛围。

如图 8-33 所示，单击【项目】（Project）中的【相机】（Camera）按钮，在【标准视图】（Standard Views）下拉列表中选择【前】（Front）选项，在【镜头设置】（Lens Settings）选区中将【视角】（Perspective）选项改为【正交】（Orthographic）选项，就得到了一张正交视图的效果图。

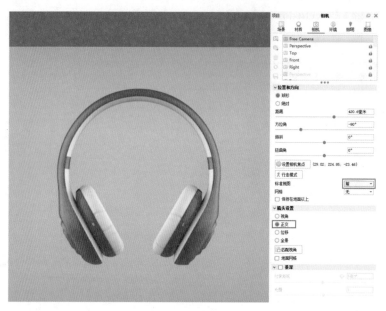

图 8-33

执行前述操作把耳机复制两个，分别将其旋转特定的角度，就可以得到一张标准的三视图效果图，如图 8-34 所示。

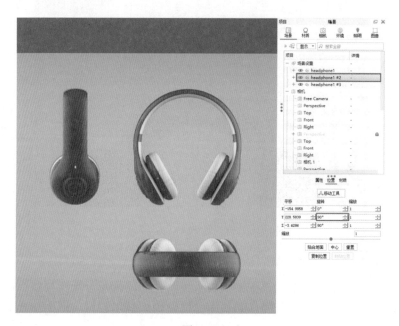

图 8-34

配合使用 **8.1.1** 节中提到的**"Toon"**材质，可以设计出一种近似工程蓝图的效果图风格，如图 8-35 所示。

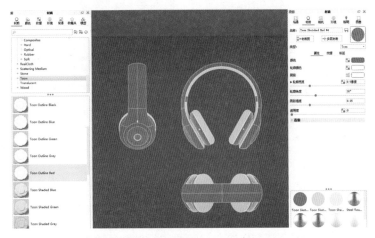

图 8-35

8.3.4　特定规律

在某些时候，可根据渲染主体的造型特点采用特定规律排列，如环形、错位、线性渐变等，目的是使渲染主体尽量布满整个画面，营造丰富的画面效果，如图 8-36～图 8-38 所示。

图 8-36

图 8-37

图 8-38

在这种布局中，常常结合"景深"效果创造对比，使画面更具表现力，如图 8-39、图 8-40 所示。

图 8-39

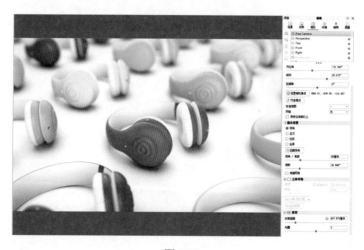

图 8-40

8.3.5 裁剪

　　某些造型较长的渲染主体在横向画面中很难摆放，这时可以尝试使用裁剪布局。裁剪布局的主要方式就是将渲染主体裁剪成两部分，错位摆放在画面中，这样既能显示出渲染主体的全貌，也能使画面富有变化，具有较强的视觉冲击力，如图 8-41 所示。

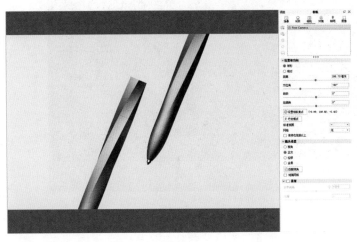

图 8-41

8.4 效果图合成案例

　　在大多数情况下，在渲染时选择将渲染主体全部放在画面中，待渲染完成后在平面软件中对效果图进行裁剪和构图等后期处理是比较稳妥的方法。如图 8-42 所示，使用在 **4.6 节**中学过的方法，在视图 **Perspective**（透视图）中将模型在**钢笔**（**Pen**）显示模式的视图导出为带透明背景的"**PNG**"格式，同时保存文件（注意保存文件前不要移动视角）。

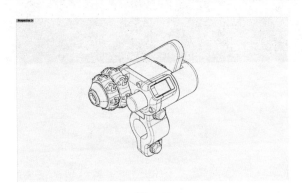

图 8-42

　　在将模型导入 Keyshot 10.0 时，在导入对话框中勾选【导入相机】（**Import Cameras**）复选框，单击【项目】（**Project**）栏中的【相机】（**Camera**）按钮，选择与 Rhinoceros 中相同视角的【**Perspective**】选项，呈现出与图 8-42 同样视角的实时视图，如图 8-43 所示。

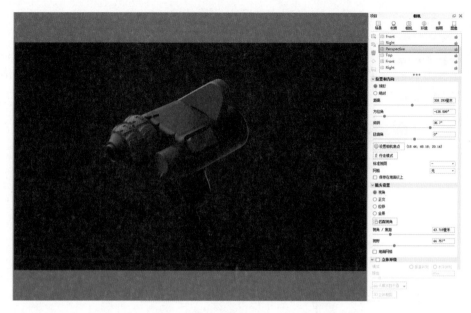

图 8-43

渲染出图后，用平面软件将两张图合在一起，再进行构图排版，呈现出真实感与科技感相结合的效果，如图 8-44 所示。

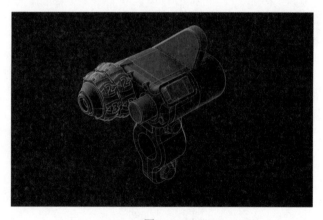

图 8-44

8.5 小结

本书定位为入门级教材，为了让读者能够快速了解效果图渲染的技巧，在本章中并未对 Keyshot 10.0 软件的材质、灯光和动画等设置展开详细讲解。在 Keyshot 官方网站中可以找到该软件各方面的详细介绍，读者可以自行学习。

此外，效果图渲染具体采用怎样的环境、镜头和布局，取决于要表达怎样的效果，不能一概而论。如果你想成为一个渲染效果图的高手，建议先去学习摄影，在真实的世界中体验和感悟镜头中的世界，久而久之，必将使你受益匪浅。

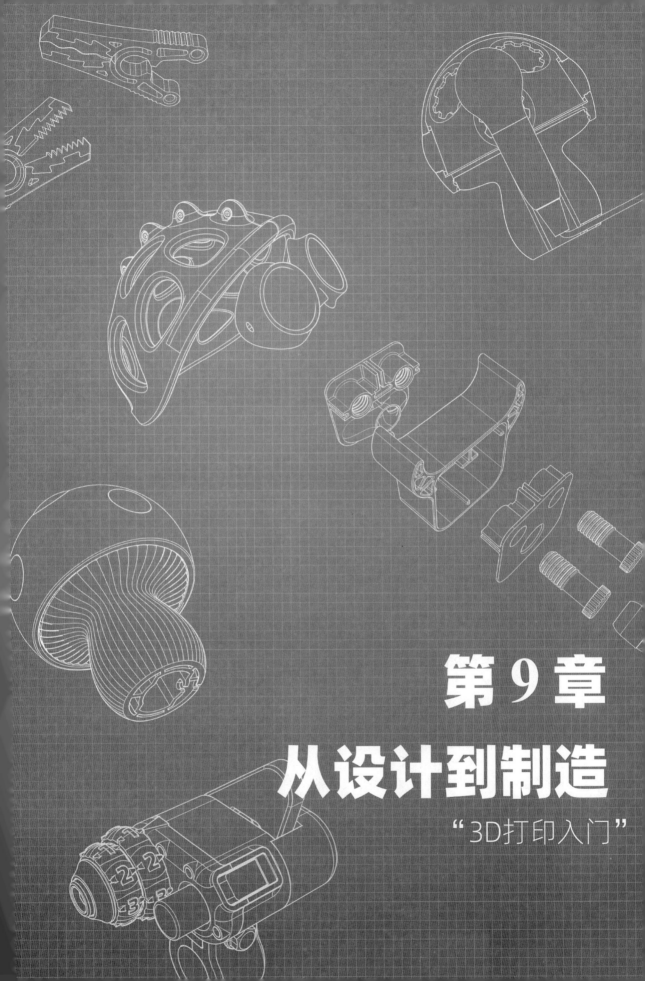

第 9 章
从设计到制造
"3D打印入门"

9.1 设计才刚刚开始

　　本书在前 8 章中主要讲了用 Rhinoceros 软件进行产品建模的方法，以及在 Keyshot 软件中进行效果图渲染的技巧。工业设计的主要目的就是设计出适合工业化批量制造的产品。因此，在掌握建模渲染的基本方法后，我们接着学习如何将设计与制造进行对接。

　　目前，各类三维建模软件的主要建模方式有两种：一种是基于 NURBS（Non-Uniform Rational B-Splines）原理的建模（以下简称 NURBS 建模），另一种是基于 Polygon 原理的多边形建模（以下简称 Polygon 多边形建模）。本章不再详述这两种建模方式的具体特点，仅探讨各自的优势和不足。NURBS 建模的主要优势在于能够准确地描述从标准几何体到自由几何模型的造型，与加工制造行业结合紧密，操作逻辑主要偏向工程领域，不足在于较难表现类似生物体表面的复杂曲面；Polygon 多边形建模的特点刚好与 NURBS 建模的相反，很难准确描述造型，但曲面的自由度较高，比较适合构建复杂的生物体模型，操作逻辑更接近艺术领域，主要应用于建筑及室内效果图和影视动画等行业。从建模方式来看，加工制造业使用的 CAM（计算机辅助制造）软件均采用 NURBS 来定义曲面，与 CAID 的差别主要在于前者是以实体为模型基础，后者是以曲面为模型基础。因此，同样采用 NURBS 原理的 CAID 软件 Rhinoceros 能够直接与 CAM 软件对接。

　　在文件格式方面，Rhinoceros 可以导出适用于 CAM 软件的 STEP 格式和 IGES 格式。设计师可以将设计好的外观模型文件以这两种格式导入 CAM 软件中，作为结构工程师设计结构的参考。结构工程师在完成结构设计后，也可以将模型文件以这两种格式的文件重新导入 Rhinoceros 中，供设计师评估。这是目前在工业设计领域通行的工作流程。图 9-1 是编者设计的一款平衡车模型。通过对上下两个模型进行比较，可以看出，如果在外观设计阶段能够保证模型的准确度和高品质，那么可以为结构工程师提供有效参考，最后完成结构设计的模型也会更符合设计师的意图。

　　设计师在评估结构设计时，需要与结构工程师充分沟通，直至结构设计确定后，方案才能进入试制样机环节，俗称打样。设计师和结构工程师在对实物样机进行评测的基础上继续优化方案，反复打样、改进，直至确定方案，产品才能够投入生产。图 9-2 是编者多年前设计的一款电动童车在设计阶段、打样阶段和投产后的照片。

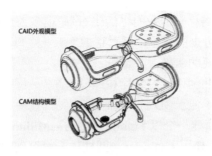

图 9-1

图 9-2

在从设计到制造的过程中，设计师能够学到很多有关产品生产制造方面的知识，这些知识能够帮助设计师做出更加实用的设计。如果学习工业设计专业的学生在大学期间有机会接触一个产品从设计到制造的真实过程，那么不管多么简单的产品，都能学到很多书本上学不到的知识，受益匪浅。比如，编者曾开发过一款散热器，单个样机在评测阶段从造型到功能都非常理想，但在进入批量生产阶段时，发现某些配件在组装上存在很多不便，于是又要将之前的结构设计重新推翻，同时还要设计专门用于组装时的对齐散热片与冷却片的专用夹具，如图 9-3 所示。因此，经验丰富的工业设计师认为，只有当设计方案进入打样评测环节时，真正的设计才刚刚开始。

图 9-3

由于在大学期间学生很难接触真实的产品开发项目。本章将通过一个简单的案例，并借助 3D 打印技术制造出实物，来帮助大家了解从设计到制造的流程。

9.2　螺栓和螺母

螺栓和螺母是工业领域最常见的和应用范围最广的零件，也是自工业革命以来一直没有发生大变化的工业产品，堪称制造业的"活化石"。很多人说机床是"工业之母"，但在更多人看来，组装机床必不可少的螺栓才是真正的"工业之母"。由此可见，看起来普普通通的螺栓对现代工业有着重要的意义。

接下来就来教大家设计并制作一对螺栓和螺母。首先，螺栓的规格通常都用 M 加螺栓的直径乘以长度来表示。为了便于 3D 打印机制作实物，直径最好稍大些，以 M8×20 的螺栓为例，在 Rhinoceros 中，新建一个以 **Small Objects – Millimeters** 为模板的文件（在该文件中，1 格的长度为 1mm）。使用 **Cylinder**（圆柱体）命令创建一个直径为 8mm、高度为 20mm 的圆柱体，如图 9-4 所示。

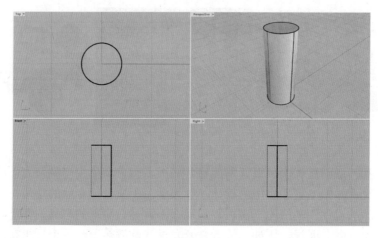

图 9-4

然后，在螺栓底部，使用 **Polygon: Center, Radius**（多边形：中心点、半径）命令创建一个六边形曲线［该命令默认为三边形，需在命令栏中将"**NumSides**"（边数）改为"6"］六边形相对端点的距离为 20mm［图 9-5 的长度为 16mm，在打印实物后，编者发现 16mm 略小，改为 20mm 会更好］，如图 9-5 所示。

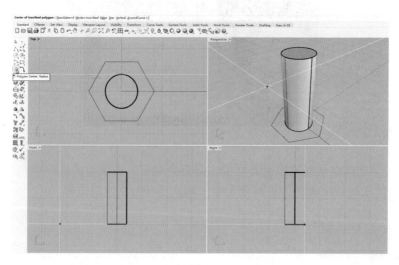

图 9-5

使用 **Extrude closed planar curve**（挤出封闭的平面曲线）命令，将六边形曲线挤成一个高度为 8mm 的实体，如图 9-6 所示。

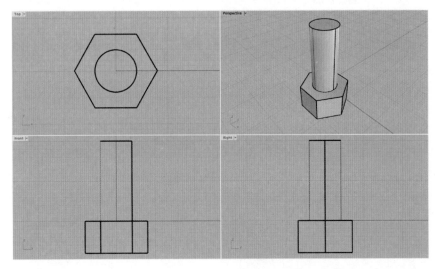

图 9-6

为了安全和便于扳手滑入，螺栓的边缘通常都带有倒角。在视图 **Front**（前视图）中，在六边形实体的右上位置画一个三角形曲线，三角形切入实体部分的边长为 2mm，如图 9-7所示。

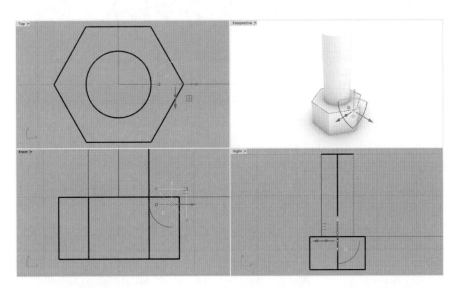

图 9-7

使用 **Revolve**（旋转成型）命令，将这个三角形曲线旋转为一个实体，如图 9-8 所示。

将这个旋转成型的实体镜像到底部与上方对称的位置，如图 9-9 所示。然后使用 **Boolean difference**（布尔运算差集）命令将这两个实体从六边形实体中除去，形成螺栓头部，如图 9-10 所示。

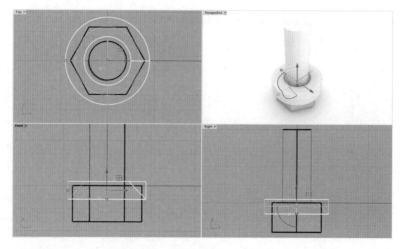

图 9-8

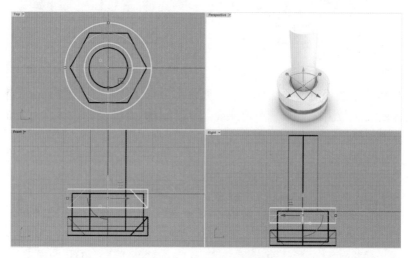

图 9-9

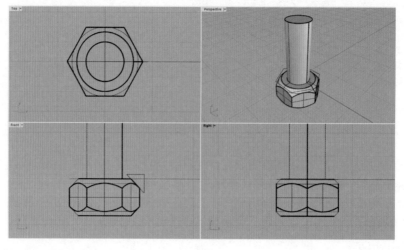

图 9-10

把完成的螺栓头部复制一份到上面，待作为螺母使用，如图 9-11 所示。

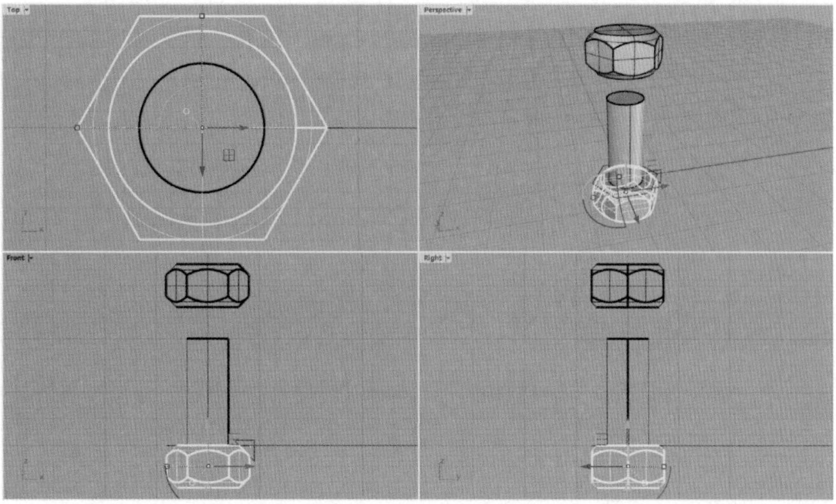

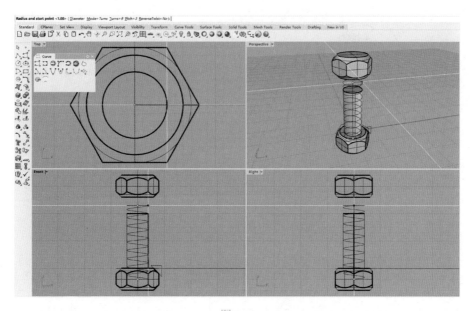

图 9-11

接着制造关键的螺纹。在工业领域中，螺纹的螺距和牙长等已形成了标准规格，但由于 Rhinoceros 并非 CAM 软件，并未将这些规格直接预置于软件中，因此，需要自行设计螺纹。单击【Curve】（曲线）工具列中的【Helix】（弹簧线）按钮，在视图中创建一段从螺栓顶部 3mm 处至六边形实体中部长 27mm、直径 8mm 的弹簧线，注意在命令栏中将弹簧线的"Turns"（圈数）改为"10"，如图 9-12 所示。弹簧线的长度和圈数决定了螺纹的螺距，也可以直接更改命令栏中"Pitch"（螺距）的数值，尝试使用工业标准的螺距规格制作螺纹。

图 9-12

工业用螺栓的螺纹截面基本都是三角形或梯形，在 Rhinoceros 中，可以用 **Sweep 1 rail**（**单轨扫掠**）命令创建这样的螺纹，但这样的操作步骤比较烦琐，可以用更简单的方式设计适用于 3D 打印成型的螺纹。直接使用 **Pipe: Flat Caps**（**圆管：平头盖**）命令把这段弹簧线变成一根半径为 1mm 的圆管，如图 9-13 所示。注意，创建圆管之后不要删除弹簧线，后面制作螺母时还需要使用它。

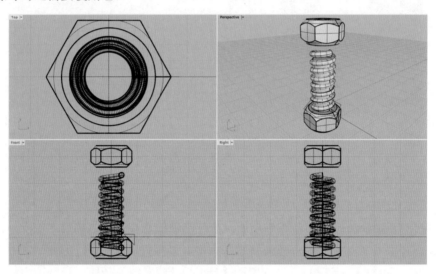

图 9-13

在螺栓中部创建一个直径为 9.8mm 的圆柱体，长度比弹簧线形成的圆管长，如图 9-14 所示。创建这个圆柱体的目的是将弹簧线圆管的边缘切除，使其截面呈现出接近梯形的形状。在视图 **Right**（**右视图**）中，可以看出圆柱体的边缘与弹簧线圆管有轻微的交叉。

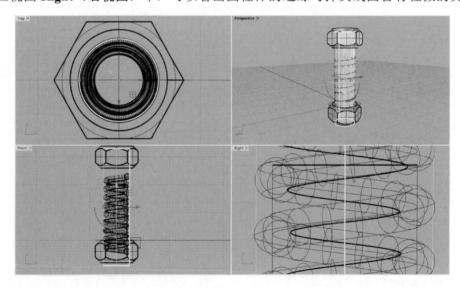

图 9-14

使用 **Boolean intersection**（**布尔运算交集**）命令生成圆柱体和弹簧线圆管中间交集的部分，如图 9-15 所示。

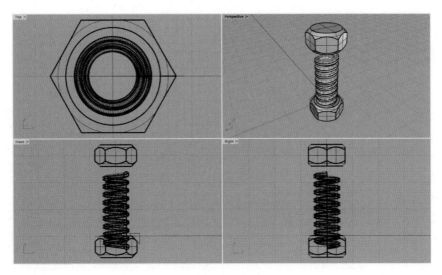

图 9-15

这时螺栓已基本成型，使用 **Boolean union**（**布尔运算联集**）命令将底部 3 个实体合并在一起，如图 9-16 所示。

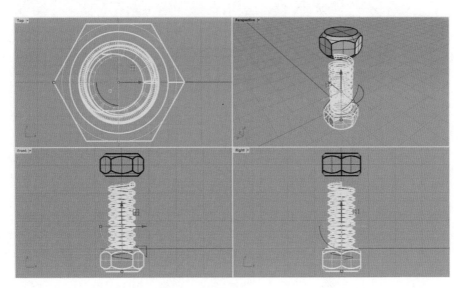

图 9-16

在实际生产中，为了便于在螺栓顶部插入螺母，也会加上倒角。在视图 **Top**（前视图）中绘制一条如图 9-17 所示的曲线。

按前述绘制六边形倒角的步骤，将这条曲线用 **Revolve**（**旋转成型**）命令旋转为一个圆盘形的曲面，再使用 **Boolean split**（**布尔运算分割**）命令，将螺栓主体分割为两部分，删除上面部分，如图 9-18 所示。

注：前面画的弹簧线比圆柱顶端更长的原因在于，生成的螺纹最后要与螺栓圆柱一起进行倒角。如果弹簧线长度刚好与圆柱顶端齐平，那么生成的螺纹就不能形成贯穿整个螺栓的长度。

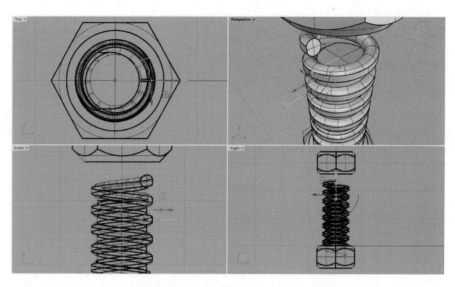

图 9-17

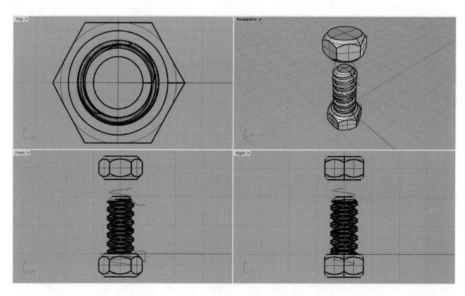

图 9-18

至此，螺栓主体部分已经完成了，接着继续制作螺母。由于通过 3D 打印制作的实物必须存在间隙才能相互配合，因此螺帽的螺纹半径必须稍大于螺栓的螺纹。根据 3D 打印的配合间隙，为了让螺母能够顺畅旋入螺栓，建议螺母螺纹的半径要比螺栓螺纹的半径长 0.2～0.3mm，螺母中心孔半径也要比螺栓圆柱体的半径长 0.2～0.3mm。首先创建一个直径为 8.6mm 的圆柱体，如图 9-19 所示。

使用 **Pipe: Flat Caps**（圆管：平头盖）命令将弹簧线生成一个半径为 1.25mm 的圆管，上移至贯穿螺母的位置，使用 **Boolean union**（布尔运算联集）命令将其与刚刚生成的圆柱体合并，如图 9-20 所示。

使用 **Boolean difference**（布尔运算差集）命令将刚刚合并的实体从螺母中除去，如图 9-21 所示。至此，一对可供 3D 打印机制造的螺栓和螺母就完成了。

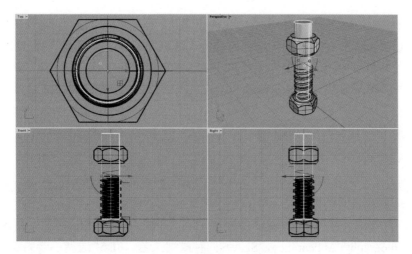

图 9-19

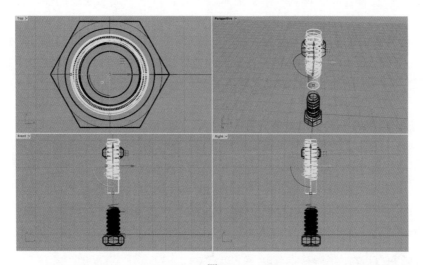

图 9-20

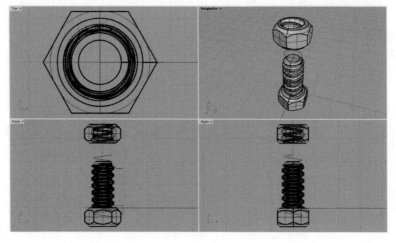

图 9-21

通过 9.3 节讲解的用 3D 打印制作实物的内容，大家会发现螺栓和螺母之间的螺纹配合间隙非常关键，0.1mm 的差异可能会让螺栓拧入螺母的松紧度有很大差别。对于不同的打印机或不同的材料，即使同样的打印参数设置，差异也可能会很大。因此，从设计到制造的环节，往往需要通过实物来反复测试和比较，直至找到最佳的数据。

9.3 用 3D 打印制作实物

3D 打印技术又称增材制造技术，是制造业领域新兴的加工制造技术。3D 打印只是这类技术的一种直观的描述。根据成型工艺的不同，3D 打印又可以分为很多种。目前，主流的桌面级 3D 打印机主要分工艺熔融沉积制造（Fused Deposition Modeling，FDM）和光固化（Stereo lithography Appearance，SLA）两种成型工艺。FDM 成型工艺的优点在于材料选择丰富、打印过程直观、材料和维护成本较低，缺点在于成品层纹明显、细节表现能力相对较弱；SLA 成型工艺的优缺点刚好与 FDM 的相反，成品表面非常光滑，能达到注塑件的水准，高分辨率设备可以生成非常精细的细节，但缺点在于成型后处理环节相对复杂，材料和维护成本较高。由于 FDM 成型工艺的成本相对较低，操作流程比较简单，目前在家庭、学校等场所使用的 3D 打印机主要以 FDM 为主。本节也主要围绕 FDM 打印机进行阐述。

FDM 打印机都有一块打印平台，打印头将丝状耗材加热至一定温度，然后从打印平台底层开始一层一层往上堆积材料，直至打印完成。为了使 **9.2 节**中设计完成的螺栓和螺母能够同时成型，需要在 Rhinoceros 中将两者底部对齐放置（也可以分别导出后在切片软件中排列对齐）。同时选取螺栓和螺母，单击【**Align and Distribute**】（对齐）工具列中的【**Align bottom**】（向下对齐）按钮，在视图 **Front（前视图）**或 **Right（右视图）**中将两者底部对齐，如图 9-22 所示。

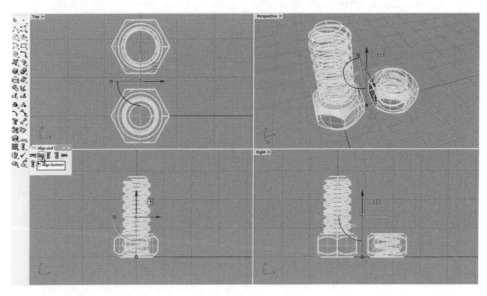

图 9-22

然后，选取螺栓和螺母，在菜单栏中单击【File】(文件)选项，在下拉菜单中单击【Export Selected】(导出选取的物件)选项将其导出为"Stereolithography(*.stl)"格式。"*.stl"格式是一种由 3D Systems 软件公司创立的数字模型格式，目前已经成为 3D 打印领域的通用格式。"*.stl"格式会将 Rhinoceros 创建的 NURBS 曲面转换为三角网格曲面，然后导入切片软件中进行切片。所谓切片软件，就是将数字模型转化为 3D 打印机能够读取的分层数据，比如打印头温度、平台热床温度、壁厚、层高、速度和填充密度等。目前，主流的 FDM 切片软件有 Cura、Slic3r、Simplify3d、PrusaSlicer 等，这些软件基本上都能兼容市面上的主流设备，其中 Cura 和 Slic3r 是开源的，很多 3D 打印设备制造商会基于这两个软件来开发自己的切片软件。接下来，我们就用 Cura 4.8.0 软件对螺栓和螺母进行切片。

将螺栓和螺母的"*.stl"文件拖入 Cura 软件窗口，软件会自动将模型居中放置在平台底部，并根据默认的参数设定自动对模型进行切片，在右下角显示预计打印时间和使用耗材的长度和质量，在左下角显示打印模型的名称和尺寸，如图 9-23 所示。

注：本章在撰写过程中使用的 Cura 软件为中文版，软件相关术语的标注方式与第 8 章相同。

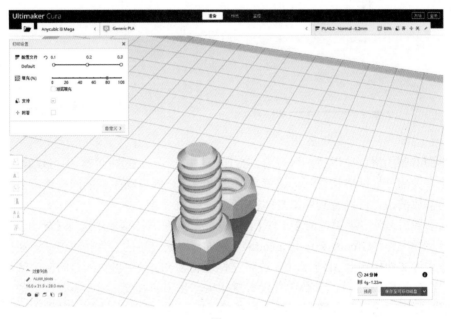

图 9-23

窗口左上角会显示当前使用的设备名称和打印设置等信息，所使用的设备一般在软件初始安装后进行设置。Cura 中已经内置了数十个品牌的打印机设备可供选择，如果在里面找不到所使用的设备，也可以自行设定打印机的参数，一般只要输入打印机 X、Y、Z 三个轴和打印头的尺寸即可。打印设置目前使用的是推荐设置，只有**层高（Layer Height）**、**填充（Infill）**、**支撑（Support）**和**附着（Adhesion）**等几项。**层高（Layer Height）**决定了每层打印的高度，数值越小模型表面越精细，但打印速度也会越慢，这里设置为"0.2"，即每层打印的高度为 0.2mm。**填充（Infill）**则表示在模型内部填充的比例，这个参数对外观影响不大，主要影响的是模型的强度。由于螺栓和螺母需要具备一定的强度，因此将

填充设为"80%"，保证螺栓和螺母内部有80%的实心填充率。

　　单击界面中上部的【预览】（Preview）按钮，可以看到螺栓和螺母变成了一层一层的造型，如图9-24所示。这就是切片软件模拟的打印效果。在螺栓和螺母边上有一圈多余的线条，这是软件自动生成的**裙边**（Skirt），目的是在打印主体前，让打印头先绕着主体边缘走几圈，待打印头出料顺畅后，再开始打印主体。

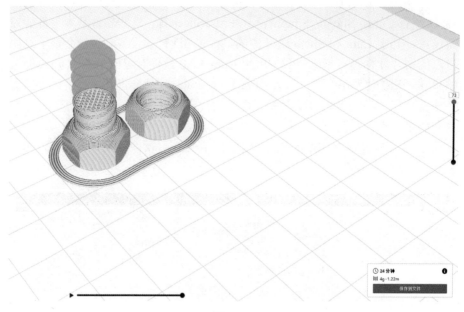

图 9-24

　　把界面右侧的滑块往下拉，可以看到打印每层的情况，在图 9-24 中可以看到在第 73 层，螺栓中间部分呈网格状排列，这就是根据 80%填充率自动生成的网格状填充。单击界面下方的播放按钮，可以看到模拟打印的动画。

　　确定参数后，单击菜单栏的【文件】（File）按钮，在下拉菜单中选择【导出】（Export）选项将模型导出为"**G-code File（*.gcode）**"格式，根据设备的文件传输方式，通过有线或无线的方式将文件传输至 3D 打印机，或将文件复制到 SD 卡中再放入打印机中就可以开始打印了。当前在 Cura 推荐的参数中并没有打印头和热床的温度，因此需要在设备上对这两个温度值进行手动设置，大部分 FDM 设备均可以在打印开始前或打印过程中设定或调整温度和速度等参数。热床是指具备加热功能的打印平台，目的是通过加热打印平台，使模型底层贴合得更牢固，如果在打印过程中模型底层松动了，那么在打印时上层就会发生偏移，导致失败。并非所有 3D 打印机都有热床，对于没有配备热床的设备，通常需要在打印平台上涂胶以增加底层与平台的附着，也可以在打印设置中增加一个**衬垫**（Raft），使打印机在打印模型主体之前，先在打印平台上打印一个较大面积的衬垫来增强模型与打印平台之间的附着。

　　如图9-25所示，左侧就是打印平台上刚刚打印完成的螺栓和螺母，右侧是两者组装测试的照片。如果将螺栓拧进螺母手感太紧或太松，那么就要调整螺纹间隙的大小，修改模型后继续打印测试，直至两者配合达到最理想的状态。

图 9-25

9.4　Cura 的自定义设置

　　9.3 节中使用了 Cura 软件中推荐的设置进行打印，但推荐设置里能够调整的参数非常少。如果要使成品获得较好的打印品质，那么就要学会一些具体设置。在界面中单击【自定义】按钮，如图 9-26 所示。

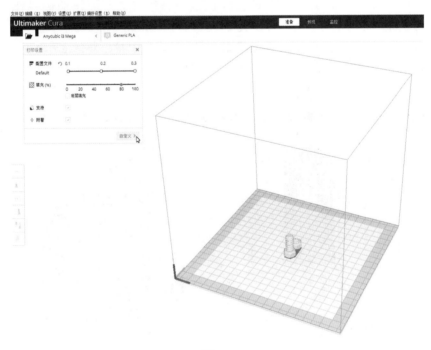

图 9-26

　　此时，打印设置的自定义菜单多了很多可以设置的项目。当光标停留在某一项目集合的名称上时，还会出现一个齿轮按钮。单击齿轮按钮后，可以发现该栏项目集合中还有更多可设置的项目供修改，如图 9-27 所示。接下来逐项分析这些项目的具体功能。

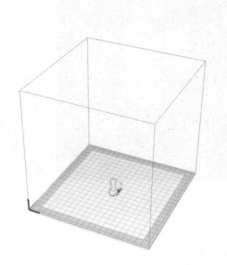

图 9-27

9.4.1 层高和走线宽度

在第一栏**质量**（**Quality**）中有两个项目可以选择。**层高**（**Layer Height**）前面已经讲过，**走线宽度**（**Line Width**）是指打印头挤出耗材丝的宽度，一般与打印头喷口的直径相匹配。当前主流的 FDM 打印机的打印头喷口直径为 0.4mm，所以在这里也用这个数值。如图 9-28 所示，0.4mm 和 0.8mm 的走线宽度在预览模式中看起来有显著差别。将光标放在某一具体项目栏稍作停留，会跳出软件对该项目的说明和建议的设置，这对学习如何设置项目参数非常有帮助。

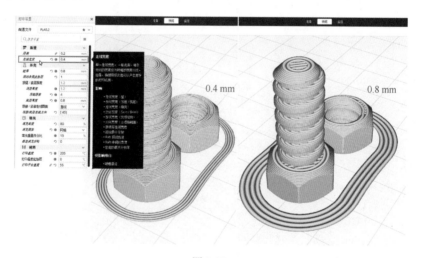

图 9-28

为了增强模型底层的附着，可以适当增大底层的走线宽度。在质量栏单击齿轮按钮，在弹出的对话框中勾选【走线宽度】（顶层/底层）（**Top/Bottom Line Width**）复选框，可以对顶层和底层的走线宽度进行单独设置，如图 9-29 所示。

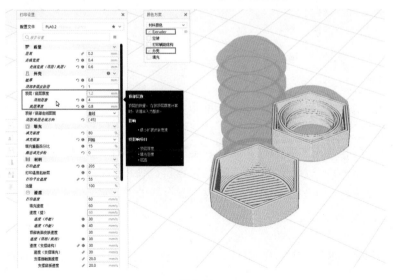

图 9-29

9.4.2　外壳

外壳（Wall）是指打印模型主体的**壁厚**（**Wall Thickness**）、顶层和底层厚度（**Top/Bottom Thickness**）等相关项目设置。一般将**壁厚**（**Wall Thickness**）设置为以长度为单位的数值，对**顶层和底层厚度**（**Top/Bottom Thickness**）可以用长度数值进行设置，也可以将其设置为层厚的倍数。在单独设置顶层层数为"4"，底层厚度为"0.8mm"之后，另一栏顶层/底层厚度为"1.2mm"的项目栏就变成了灰色，说明当有相同的项目值发生冲突时，软件优先使用单独设置的项目值。在"颜色方案"菜单中，仅勾选【Extruder】和【外壳】（Wall）复选框，可以看到外壳的相关设置产生的预览结果，如图 9-30 所示。

图 9-30

在 FDM 技术打印过程中，根据材料和设备的不同，外壳的壁厚一般在 0.8～1.2mm 时比较合适，若壁厚值设置过小，则成品的外壳可能存在一些漏洞。对于某些强度要求比较高的模型，可以适当增加壁厚值。

9.4.3　填充

填充（**Infill**）是指 3D 打印模型"实心"部分的密度，主要有**填充密度**（**Infill Density**）和**填充图案**（**Infill Pattern**）两个关键项目。**填充密度**（**Infill Density**）是指"实心"的比例，**填充图案**（**Infill Pattern**）是指用怎样的图案进行填充。图 9-31 是采用八角形图案进行填充的预览效果。**填充重叠百分比**（**Infill Overlap Percentage**）是填充物和壁之间的重叠量占填充走线宽度的百分比，选择一个适当的比例可以增加外壳与填充物之间的连接的强度。

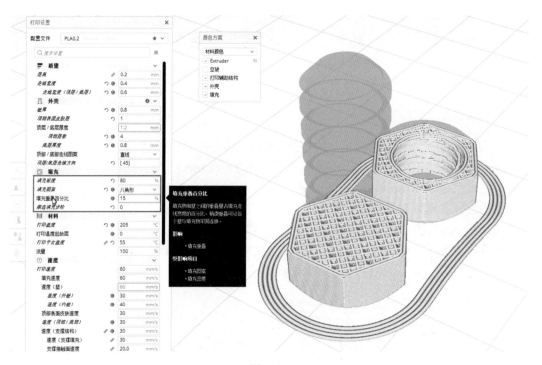

图 9-31

一般来说，填充密度越高，模型的强度也会越高。不同填充图案对模型的强度也有影响，但填充密度越高，意味着使用的材料越多，打印的时间也会越长。目前，网上有不少关于不同填充密度和填充图案与打印成品强度关系的测试资料，大家可以去了解学习。最终采用怎样的填充参数设置比较合适，需要根据自己使用的设备、材料，以及所打印模型的功能需求进行调整，通过测试打印实物找出最合适的参数。

9.4.4　材料

在**材料**（**Material**）一栏，主要的设置项目就是温度。不同材料对**打印温度**（**Print Temperature**）的要求是不同的，如果设置的打印温度不适合该材料，那么有可能会出现吐丝不顺或拉丝等情况。一般 FDM 打印机常用的材料如 PLA 和 TPU 的打印温度为 190～230℃，ABS 和 PETG 的打印温度为 220～260℃。对于具有热床的设备，热床即**打印平台温度（Build Plate Temperature）**的设置根据材料不同也有很大的差异。通常使用的材料都带有推荐打印温度和热床温度范围说明书，根据说明书设定即可。若打印平台温度设置过低，则模型不容易黏附在热床上，容易形成翘边；若打印平台温度设置过高，则容易导致模型底层软化膨胀，形成"象腿"效应，影响打印品质，如图 9-32 所示。

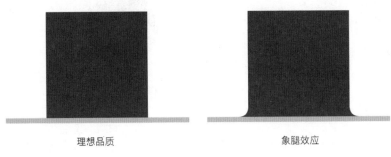

理想品质　　　　　　　　　　　　　　　象腿效应

图 9-32

打印头和热床具体采用怎样的温度设置，不仅取决于材料本身，还与打印模型的尺寸、形状、环境温度及打印速度有关，其没有绝对合理的值，需要通过实际测试对具体问题进行具体分析。

9.4.5 速度和回抽

速度（Speed）主要是指打印时打印头移动的速度。在 3D 打印过程中，速度的设置是最复杂的，一般使用的打印机都有推荐的速度设置。根据编者经验，**起始层速度（Initial Layer Speed）**越慢，首层与打印平台的附着度越高，后面打印出问题的概率就会越小。由于外壁比较容易出问题，因此最好将**外壁速度（Outer Wall Speed）**设置的稍慢一些，**内壁速度（Inner Wall Speed）**可以稍快些。内外壁之间的速度差异不宜过大，否则会影响打印品质。

在使用 FDM 打印机时，每打印完成一层，打印头就会先在 Z 轴方向向上抬起一层，然后回到一个起始点开始打印新的一层（有的设备通过降低打印平台高度来实现打印头 Z 轴提升）。在这个过程中，由于打印头喷嘴始终处于高温状态，在打印头移动过程中喷嘴中残留的耗材容易呈丝状下垂，在下一层起始打印的位置容易留下多余的材料，形成拉丝。成品表面拉丝是 FDM 打印机中常见的现象。若要解决这个问题，可以启用**回抽（Retraction）**设置。回抽能够使打印头在每层打印结束后，将料抽回一定的距离，防止产生拉丝。回抽主要有**回抽距离（Retraction Distance）**和**回抽速度（Retraction Speed）**等设置项目。

FDM 打印机使用的送料机构主要有两种：一种是远程挤出机，距离打印头较远；另一种是近程挤出机，与打印头直接连接，如图 9-33 所示。两种不同的送料机构回抽的距离设置也有所不同。若设备使用的是近程挤出机，则回抽距离可设为 0.5～2mm；若设备使用的是远程挤出机，则可以尝试 5～15mm 的回抽距离。柔性材料（如 TPU）的回抽距离比 PLA 等硬质材料的回抽距离要长。回抽的速度一般控制在 20～200mm/s 内。具体采用怎样的数值，最好根据打印测试结果来设定。

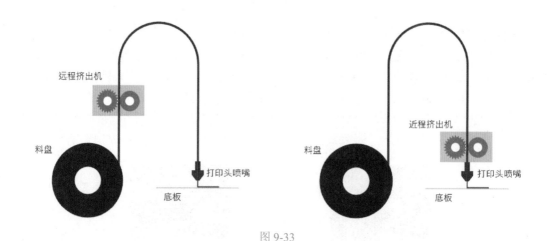

图 9-33

9.4.6 支撑和打印平台附着

由于 FDM 打印方式的特殊性，因此在打印带有悬空桥接面或斜面造型时，如果没有添加**支撑（Support）**，那么这些造型很容易塌陷。由于支撑对打印这类造型非常重要，因此在切片软件中都会带有自动生成支撑的项目设置。图 9-34 左侧是一个卷笔刀模型在准备模式的视图，可以看到在启用了支撑项目后，右侧预览模式中为卷笔刀预留的方孔被自动生成的支撑填满了。

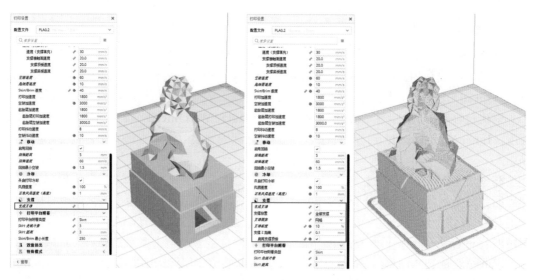

图 9-34

支撑的主要参数有支撑放置（**Support Placement**）、支撑图案（**Support pattern**）、支撑密度（**Support Density**）、支撑悬垂角度（**Support Overhang Angle**）、支撑 Z（X/Y）距离［**Support Z（X/Y）Distance**］等。支撑放置可以设置为全部支撑（**Everywhere support**）或支撑打印平台（**Touch Building Plate**）。若选择前者，则模型上所有需要支撑的位置都会自动生成支撑；若选择后者，则仅从打印平台开始需要放置支撑的位置自动生成支撑，其他部分不会生成支撑。如图 9-35 所示，选择支撑打印平台，卷笔刀上部悬空造型和预留方

孔内的支撑消失了，但卷笔刀底座与打印平台接触的底部至顶面仍有支撑。

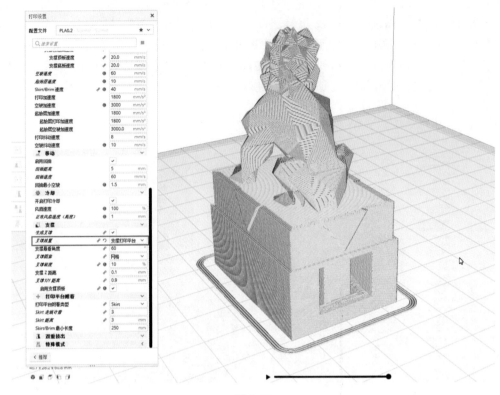

图 9-35

支撑图案（**Support pattern**）是指用于选择支撑填充的打印图案，具体采用怎样的支撑图案取决于打印模型的特点和个人喜好。**支撑密度（Support Density）**决定了支撑的牢固程度，支撑密度值太小则容易坍塌，支撑密度值太大则容易废料，且不容易将支撑从模型中拆除。若对支撑图案无特殊需求，则采用默认设置。

支撑悬垂角度（Support Overhang Angle）决定了斜面造型在多少角度时需要支撑。具体采用何种支撑悬垂角度，需要根据实际需求来确定。

支撑 Z(X/Y)距离〔Support Z（X/Y）Distance〕决定了支撑在 3 个轴向上与模型的距离。由于支撑主要起作用的范围在 Z 轴，因此 Z 轴的距离可以适当小一些，一般约为 0.15mm 比较合适。XY 轴的距离则可以稍微大一些，通常设为 0.5～1.0mm。若支撑 Z(X/Y)距离太小，则容易让支撑与模型产生粘连，打印完成后支撑很难取下，取下后表面也会非常粗糙。

在 3D 打印中，支撑是一个令人又爱又恨的东西。没有支撑，很多特殊造型很难打印成型；加了支撑，Z 轴方向与支撑相接触的面的打印品质普遍会受到影响。因此，在设计专门适配 3D 打印的模型时，应尽量采用避免支撑的造型。在进行打印时，则需要尽量考虑模型的摆放方式，在不影响成品功能的前提下，甚至可以将某些模型分割几次打印，力求尽量减少或避免采用支撑。对于某些处于需要与不需要支撑边缘的造型，可以先尝试不用支撑打印，同时提高冷却风扇的功率，根据实际打印效果再决定是否启用支撑。

打印平台附着（**Build Plate Adhesion**）与支撑的作用有相似之处，主要目的是让模型能够更好地附着于打印平台上。常用的打印平台附着有 **Skirt**、**Brim** 和 **Raft**，**Skirt** 和 **Raft** 在 **9.3** 节中介绍过。**Brim** 与 **Skirt** 相似，只是其位置与打印模型的底层边缘相连，能够更好地将打印模型主体黏附在打印平台上，如图 9-36 所示，就是采用了 5 圈 **Brim** 的打印预览效果。对于某些容易翘边的材料或造型，**Brim** 能够有效降低翘边出现的概率，缺点是打印完成后去除 **Brim** 时容易在模型边缘留下痕迹，影响美观。

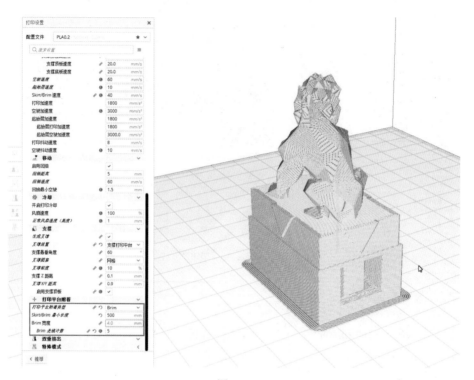

图 9-36

9.5 小结

20 世纪初，著名的法国家具设计师让·普鲁维曾说过："永远不要设计造不出来的东西。"对于工业设计专业的学生，若没机会体验真实的产品设计与制造流程，很容易掉入设计"造不出来的东西"的陷阱。在掌握通过 3D 打印技术来制造实物这项能力后，大家就能够测试和验证自己的设计是否能达到预期目标，是否能够解决实际问题。从而让自己的设计观念从"学设计"向"做设计"转变。当设计出"造得出来的东西"时，就会明白 9.1 节"真正的设计才刚刚开始"这句话的含义。

在本章中学会制造螺栓和螺母后，相信大家已经对如何"做设计"有所觉悟了。接下来，要在实践中不断练习，学会举一反三，用创意和软件工具创造属于自己的作品。编者在日常生活中创作了许多美观和使用功能兼具的 3D 打印模型，部分模型如图 9-37 所示。感兴趣的读者可通过前言中的邮箱联系作者索要模型。